滇桂黔石漠化片区林业扶贫研究

陈幸良 林昆仑 王枫 赵荣 ⊙ 编著

图书在版编目(CIP)数据

滇桂黔石漠化片区林业扶贫研究／陈幸良等编著 .—北京：中国林业出版社，2022.1

ISBN 978-7-5219-1490-0

Ⅰ.①滇… Ⅱ.①陈… Ⅲ.①沙漠化-贫困区-扶贫-研究-云南②沙漠化-贫困区-扶贫-研究-贵州③沙漠化-贫困区-扶贫-研究-广西 Ⅳ.①F592.77②F592.767③F323.8

中国版本图书馆 CIP 数据核字（2022）第 009769 号

责任编辑：于界芬　徐梦欣

出版发行	中国林业出版社有限公司（100009　北京市西城区刘海胡同 7 号）
	网址　http://www.forestry.gov.cn/lycb.html
	E-mail　36132881@qq.com　电话　010-83143542
印　　刷	河北京平诚乾印刷有限公司
版　　次	2022 年 1 月第 1 版
印　　次	2022 年 1 月第 1 次印刷
开　　本	710mm×1000mm　1/16
印　　张	9.5
字　　数	150 千字
定　　价	68.00 元

FOREWORD 前　言

　　反贫困是古今中外治国理政的大事。消除贫困、改善民生、逐步实现共同富裕，是社会主义的本质要求，是我们党的重要使命。我国贫困人口主要集中在生态环境较为脆弱、自然灾害发生比较频繁的地区，这些地区与山区、林区、沙区、牧区高度耦合。这"四区"既是林草建设的重点区域，也是生态扶贫的主战场。解决"四区"的生态保护与贫困开发问题，必须牢固树立和践行绿水青山就是金山银山的理念，坚持扶贫开发与生态保护并重，推动贫困地区扶贫开发与生态保护相协调、脱贫致富与可持续发展相促进，使贫困人口从生态保护与修复中得到更多实惠，实现脱贫攻坚与生态文明建设"双赢"。

　　石漠化是我国西南岩溶地区最严重的生态问题。滇桂黔石漠化片区又是我国石漠化问题最严重的地区。滇桂黔石漠化片区涉及云南、广西、贵州三省（自治区）的15个地、市、州，91个县、市、区，是全国14个集中连片特困地区中扶贫对象最多、少数民族人口最多、所辖县数量最多、民族自治县最多的片区。滇、桂、黔三省份的喀斯特地貌区，均是我国主要的扶贫攻坚区域。这里土地贫瘠，资源环境承载力低，干旱洪涝等灾害频发，生态条件脆弱，基础设施落后，水利和交通瓶颈十分突出，社会发展滞后，贫困面广、程度深。加强石漠化片区的综合治理和扶贫开发，是党中央、国务院着眼于经济与社会可持续发展全局做出的重大决策，是防治长江、珠江水患的治本之策，是实施西部大开发战略的重要组成部分和核心内容,关系到中华民族的永续发展和我国现代化建设的战略全局。

20世纪90年代以来,石漠化所带来的社会和生态问题引起了广泛的关注,人们从不同角度对喀斯特地区石漠化现象开展大量研究,包括石漠化的成因、现状、分类、危害、防治等方面,石漠化成因与驱动机制的研究有利于从源头上找原因,进而提出有效的解决石漠化问题的治理对策。已有的研究显示,石漠化是区域自然背景因素和不合理的人类活动共同作用下的产物。石漠化的综合防治必须与地区的扶贫开发及农民增收紧密联系。一方面,人们为了生存长期对喀斯特地区频繁干扰(如毁林垦殖、过渡采伐、陡坡开垦等),造成土壤侵蚀、基岩裸露、土地生产力下降,加速了其生态脆弱的演化过程;另一方面,土地石漠化导致可耕地面积减少、人畜饮水困难加剧、旱涝灾害频率和强度增加等灾害,加大了贫困发生的可能性,陷入"越垦越穷,越穷越垦"的恶性循环。因此,石漠化综合治理的根本途径是找出既能遏制生态恶化,又能促进经济发展的双赢措施。从治理角度分析,土地石漠化治理的首要任务应是提高岩溶地区土壤盖度和林草等植被覆盖率,充分发挥森林生态功能,减少水土流失;从扶贫角度分析,片区解决贫困问题的关键任务是在防止生态进一步破坏的基础上,因地制宜地发展地方特色经济,提高农民收入。无论何种治理措施,都与林业存在密切关系。由于林业兼具修复岩溶生态系统的生态功能和增加农民收入的经济功能,加快石漠化片区的林业建设,对于恢复和改善岩溶地区生态环境,从现实和长远上推进农民脱贫增收具有重大作用。因此,滇桂黔石漠化片区石漠化治理必须充分发挥林业的基础功能、治本作用,以及近期脱贫的实效作用,提升林业对农民收入的贡献率,扩大岩溶石漠化地区植被覆盖度,打造可持续的生态经济。

自20世纪80年代以来,我国开始了有针对性的、大规模的开发式扶贫行动。与此同时,各相关科研机构、高校对生态恢复与扶贫开发开展了大量的研究。从已有的研究成果看,针对石漠化区域林业扶贫的研究还不够多、不够系统。为此，本项目研究团队利用赴滇桂黔石漠化片区开展挂职扶贫的机会，梳理了过去有关的研究资料，开展了农户调查，获取了大量的社会经济数据，经过多次研究论证，形成了初步研究成果。

  本书分析了石漠化区域的社会经济情况，调查了石漠化片区林业扶贫存在的问题，阐述了石漠化与林业的相互关系，揭示了林业在石漠化治理与促进农民增收中的作用，对我国石漠化片区扶贫开发的典型模式进行研究及评价，并以广西片区为例，分析了片区的经济社会情况，研究了石漠化片区林业与扶贫的关系，得出了研究结论并提出相应的对策建议。本书的创新之处，是系统研究了石漠化片区的林业扶贫问题，并通过对广西石漠化片区的调查，实证分析了林业对农民收入影响的作用机制，在此基础上形成有关结论和对策，以期为石漠化片区绿色增长、实现生态文明提供理论和实践参考。

著 者

2021 年 10 月

CONTENTS 目　录

第一章　绪　论 …………………………………………………………（1）
　　第一节　研究背景与意义 ……………………………………………（1）
　　第二节　国内外研究现状 ……………………………………………（3）

第二章　我国石漠化片区概况 …………………………………………（14）
　　第一节　石漠化问题由来 ……………………………………………（14）
　　第二节　石漠化的科学内涵 …………………………………………（16）
　　第三节　石漠化演化成因 ……………………………………………（23）
　　第四节　石漠化等级分类 ……………………………………………（31）
　　第五节　石漠化片区分布 ……………………………………………（33）
　　第六节　石漠化片区特征 ……………………………………………（38）

第三章　我国石漠化片区林业发展 ……………………………………（42）
　　第一节　石漠化片区林业发展现状 …………………………………（42）
　　第二节　石漠化片区林业发展面临的问题 …………………………（53）
　　第三节　石漠化片区林业发展重点和潜力 …………………………（54）

第四章　林业与石漠化片区扶贫开发 …………………………………（57）
　　第一节　林业在石漠化片区扶贫开发中的重要作用 ………………（57）

第二节　石漠化片区林业扶贫优势 …………………… (58)
第三节　林业扶贫开发的发展历程 …………………… (60)
第四节　林业扶贫开发的主要做法 …………………… (63)
第五节　林业扶贫开发的成效 ………………………… (65)
第六节　石漠化片区林业扶贫存在的问题 …………… (68)

第五章　石漠化片区林业扶贫开发的典型模式及评价 …… (71)
第一节　开发式扶贫模式 ……………………………… (71)
第二节　产业化扶贫模式 ……………………………… (76)
第三节　生态工程扶贫模式 …………………………… (84)
第四节　生态补偿扶贫模式 …………………………… (89)
第五节　林下经济扶贫模式 …………………………… (93)
第六节　生态旅游扶贫模式 …………………………… (97)
第七节　对口支援扶贫模式 …………………………… (100)
第八节　林业科技扶贫模式 …………………………… (103)

第六章　广西石漠化片区与林业扶贫研究 ……………………… (106)
第一节　广西石漠化片区概况 ………………………… (106)
第二节　广西石漠化片区林业发展优势 ……………… (108)
第三节　林业对农民收入影响的作用机制 …………… (110)
第四节　林业对广西石漠化片区农民收入影响实证分析 … (115)
第五节　结论与建议 …………………………………… (134)

参考文献 ……………………………………………………… (138)

第一章 绪 论

第一节 研究背景与意义

喀斯特地貌（karst landform）为岩溶地貌的代称，是指石灰岩受水的溶蚀作用和伴随的机械作用形成各种地貌（蔡桂鸿，1988）。全世界陆地岩溶集中分布在低纬度地区，面积近 2 200 万 km^2，约占陆地面积的 15%（袁道先等，2000）。世界三大集中连片分布喀斯特地区中，中国西南地区是面积最大、人地矛盾最突出的岩溶片区（Sweeting M M，1993），覆盖四川、云南、广西、重庆、四川、湖南、湖北、广东等几个省份。中国南方喀斯特石漠化与北方的荒漠、黄土和冻土并称为中国的四大生态环境脆弱带。当前，石漠化问题已成为我国重大生态问题，土地石漠化导致风化残积层土的迅速贫瘠化，植被、土壤覆盖的碳酸盐岩地区转变为岩石裸露的喀斯特景观，成为喀斯特地区一种突出的生态环境问题，严重地威胁着西南山区人民的生存环境与可持续发展，威胁着喀斯特地区的生态安全，是中国南方亚热带喀斯特地区经济发展与生态建设中所面临的特殊的地域性环境问题，也是其实现全面可持续发展的主要障碍因素之一（黄秋昊等，2007；苏维词，2009）。

20 世纪 90 年代以后，石漠化所带来的社会和生态问题引起了广泛的关注，人们从不同角度对喀斯特地区石漠化现象开展大量研究，包括石漠化的成因、现状、分类、危害、防治等方面，这些研究进一步加深了对石漠化的认识。石漠化成因与驱动机制的研究有利于从源头上找原因，进而提出有效的解决石漠化问题的治理对策。然而，石漠化是区域自然背景因素和不合理的人类活动共同作用下的产物（李瑞玲等，2003；肖丹等，2006；单洋天，2006），石漠化的综合防治必须与地区的扶贫开发及农民增收紧密相连。一方面，人类为了生存长期对喀斯特地区频繁干扰（如毁林垦殖、过渡采伐、陡坡开垦等），造成土壤侵蚀、基岩裸露、土地生产力下降，加速了其生态脆弱的演化过程（李荣飚等，2009），是石漠化形成的直接诱因；另一方面，土地石漠化导致可耕地面积减少、人畜饮水困难加剧、旱涝灾害频率和强度增加等灾害，加大了贫困发生的可能性，陷入"越垦越穷，越穷越垦"的恶性循环。

石漠化问题的产生，既有自然因素的影响，又有人为因素的作用，其发生、扩展的本质原因是未能在沉重的人口压力和脆弱的生态环境之间找到一种恰当的土地利用方式。因此，石漠化综合治理的根本途径是找出既能遏制生态恶化，又能促进经济发展的双赢途径（包维楷，1999；陈国阶，2002）。从治理角度分析，土地石漠化治理的首要任务应是提高岩溶地区土壤盖度和林草等植被覆盖率，充分发挥森林生态功能，减少水土流失；从扶贫角度分析，解决石漠化地区贫困问题的关键任务是在防止生态进一步破坏的基础上，因地制宜地发展地方特色经济，提高农民收入。已有的研究来看，无论何种治理措施，都与林业存在密切关系。由于林业兼具修复岩溶生态系统的生态功能和增加农民收入的经济功能，加快石漠化地区的林业建设，是恢复和改善岩溶地区生态环境迫切需求，也是推进农民脱贫增收的有效途径。因此，石漠化治理必须充分发挥林业的三大效益功能，突出林业对石漠化地区农民收入影响，扩大岩溶石漠化地区植被覆盖度，把林业与扶贫增收相结合，打造可持续的生态经济环境。尽管林业对石漠化恢复与重建的作用已经得到颇多研究，但林业对石漠化地区农民收入的影响却未引起广泛关注。

第二节 国内外研究现状

一、国外研究现状

随着世界范围内的生态退化和环境污染等问题成为制约社会经济发展的主要因素，各国都已开始从多角度研究生态问题，并实施了一系列有关森林生态的重大工程。国外关于林业对农民收入的影响研究，往往与生态补偿结合在一起，从收入和非收入两大方面入手（Pagiola S 等，2005；Tschakert P，2007），研究林业工程项目对地区贫困的影响，并强调林业工程项目实施的机会成本。大多数案例研究表明，林业工程项目的实施增加了农民收入，并给非收入带来积极的影响（Pagiola S，2008；Muñoz-Piña C，2008；Turpie J K，2008）；少部分认为会减少当地农民收入，加剧贫困（Beck R J，1999）。

（一）美国

美国在 20 世纪 80 年代农产品价格逐年下跌的背景下，制定了土地保护性储备计划（CRP），将易侵蚀的土地退耕或休耕，保护和改良土壤，调控农作物产量与质量，CRP 类似于中国的退耕还林工程，是美国最大的土地休耕项目。

Sven Wunder 认为退耕还林工程的实施，一方面，由于可耕地面积减少而直接导致农民收入下降；另一方面，可耕地面积降低导致农产品供应量减少，价格上升，间接提高了城镇居民的生活成本和非农产业的生产成本（Wunder S，2005）。因而，对农民退耕行为的补偿不仅符合农民利益，也符合整个社会的利益。Brown 和 Pearce 指出，退耕还林补偿时限过短影响农民收入，若补偿期满后仍限制农民从造林地采伐林木，农民利益将会长期受损（Brown K 等，1994）。Costanza 认为具有可持续性的退耕还林工程必须通过市场机制来实现，鉴于退耕还林工程明显的外部性,他认为应当采取适当的方式将生态收入内部化,减少私人收益和社会收益的差距,维护退耕主体的利益。P. B. Siegel 等认为退耕还林虽增加了当地居民经济收入,但却降低了农民就业水平(Siegel P B 等,1991)。J. Beck 等从投入产出的角度分析了退耕还林带给农村经济的损益影响,认为退耕还林的实施在短期内使当地居民的收入减少。Plantinga 等分析了不同情况下农民愿意退耕的土地面积,并描绘出退耕地的供给曲线,作为未来预测的基础。Michael T. Bennett 通过农户调查认为退耕还林的实施提高了农田的集约化水平,改变了农业产业结构,从而增加当地居民和地方财政的收入(Bennett M T,2008)。

(二)墨西哥

为应对森林采伐、森林退化和部分流域出现的水资源安全问题,2003 年墨西哥政府制定了水文环境服务计划(PHES),以加强整个国家,尤其是面临森林退化风险的重点流域的森林保存和管理工作。墨西哥水文环境服务计划是世界上最大的由国家林业部门实施的森林项目之一。

Carlos Munoz-Pina 认为 PHES 通过森林保护,不仅改变了饮用水的质量,还提高了当地居民的收入,从而对当地经济的发展起到积极作用。Caro-Borrero 等认为 PHES 的补偿激励有助于提高农民的家庭收入,但却不足以刺激高农地收入的群体改变土地利用方式,因此,对城乡结合地区的补偿应辅以有效的土地利用规划,并吸收利益相关者参与进来(Caro-Borrero A 等,2015)。García-Amado 等将 Chiapas 生物保护区周边的当地居民分为有土地和无土地两类,认为生态补偿对有无土地的群体都有影响,但却加大了他们之间的收入差距(García-Amado L R 等,2011)。Muñoz-Piña 通过对 PHES 评估发现,真正高毁林风险地区农民收入并未得到有效改善,项目实施的效果并不理想。

(三)哥斯达黎加

哥斯达黎加是世界上生物多样性最丰富的国家之一。哥斯达黎加森林生态补偿制度是国际生态补偿机制的领头羊,其源头可以追溯到

1969年《森林法》规定的激励措施，但直到1996年新修订的《森林法》出台后，才开始对贫瘠土地、采伐迹地和土壤脆弱度较高的林地所有者其营林及管护活动行为进行补偿。哥斯达黎加的森林生态补偿计划引起了广泛的研究，研究内容最多的是生态补偿对采伐和贫困的影响。

Bruno Locatelli 等认为哥斯达黎加北部地区的森林生态补偿机制带来了积极的影响，且对最底层的贫困农民影响显著大于上层收入较高的农民，但短期内农民的收入会有所下降（Locatelli B 等，2008）。Adam P. Hejnowicz 等通过资本资产框架分析，认为森林生态补偿对家庭、社区和政府的收入都带来了积极的影响（Hejnowicz A P 等，2014）。Adrian Martin 等通过对 Nyungwe 国家公园实验样地的控制实验研究认为，低收入和中等收入农民在实施森林生态补偿政策后收入水平并未发生明显变化，但高收入的农民层却在该政策实施后收入有所降低（Martin A 等，2014）。Pagiola 等认为虽然生态补偿政策的实施初衷并不是为了缓解贫困，但如果项目经过良好的设计并且当地的条件比较有利，仍然能够达到保护生态和减少贫困的协同效果，但如果土地产权不清，则会适得其反（Pagiola S 等，2005）。Erwin Bulte 在实证研究的基础上，认为生态补偿是一种有效的减贫机制（Bulte E H 等，2008）。Peter Newton 等认为当地居民生活水平的异质性对生态补偿的实施具有重要影响，高收入的群体机会成本很高，他们不愿放弃森林采伐而获得同等的财政补偿（Newton P 等，2012）。

二、国内研究现状

（一）林业重大工程

我国实施的林业重大生态工程，政策设计的核心目标在于工程区的环境保护与生态改善，以及我国木材生产安全等，增加农民收入只是工程实施的衍生目标之一。退耕还林（草）工程与农民收入具有十分紧密的联系，其资金投入大、地理覆盖面广、农户参与度高，对农村产业结构调整具有明显效应。

我国退耕还林还草始于 1999 年，2002 年正式启动。1999—2019 年，我国共实施两轮退耕还林（草）工程，累计投入超过 5000 亿元，退耕还林还草 5 亿多亩。2014 年，国家做出了实施新一轮退耕还林还草的决定。截至 2019 年年底，中央已投入 687.6 亿元，共安排新一轮退耕还林还草任务 5989.49 万亩，其中还林 5486.88 万亩，还草 502.61 万亩，涉及 22 个省份和新疆生产建设兵团。新一轮退耕还林还草 6 年多来，工程实施规模由《新一轮退耕还林还草总体方案》时的 4240 万亩扩大到目前的近 8000 万亩，工程实施省份由 2014 年的 14 个省份扩大到 22 个省份和新疆生产建设兵团。2017 年起，退耕还草的补助标准由 800 元/亩，提高到 1000 元/亩；退耕还林种苗造林费补助由每亩 300 元提高到 400 元，使新一轮退耕还林总的补助标准达到每亩 1600 元。

退耕还林有效改善了退化的生态系统，促进了农林产业结构的调整，提高了集约化经营水平，增加了农民收入，对退耕区农村经济发展影响甚大。国内研究退耕还林工程对农民收入的影响，主要存在 3 种观点：

一是退耕还林调整了农户的收益结构，提高了集约化经营水平，增加了农民收入，对农户收入带来积极的影响（唐伟，2004；胡霞，2005；陈利顶等，2006；李树茁等，2010；申强等，2009；王春梅，2009；支玲等，2010）。黄东、谢晨等通过连续固定跟踪监测结果显示，退耕还林对农民生计产生深刻影响，退耕补助大大提高了农民收入，退耕后城镇对农村发展的带动作用明显加强，农民收入增长的具有持久的潜力（苏月秀等，2011）。申强、李卫忠等研究表明，退耕还林调整了农村土地利用结构，促进了劳动力就业方式转变，改善了农村的产业结构和产业内部结构，增加了农民收入（李卫忠等，2007）。陈小红等研究认为退耕还林工程促进了农业总产值、畜牧业产值和农民人均收入等的提高，退耕后畜牧业已成为当地农村经济的主导产业，畜牧收入和外出务工逐渐成为退耕农户的主要增收渠道（陈小红等，2010）。戴广翠等认为退耕还林工程对黄河流域农业生产产生积极的影响，只要退耕农户权益得到保护，就不会出现大面积复耕反弹现象。郭亚军等研究表明退耕还林有效改善了劳动力投入、科技投入和县域工业经济增长等生产要素的收入弹性，从而显著地提高了农民收入。江丽等认为退耕实施后农民的种地积极性提高了，收入有了显著的增加，同时带动了林业、草业的发展，促进了农村剩余劳动力向二、三产业转移（江丽等 2011；徐海燕等，2013）。李张宇等认为退耕还林工程后并未影响其粮食安全，土地利用及农业产业结构调整也较为合理，农民经济收入因产业结构的调整和外出务工，也保持了高速稳定的增长。徐海燕等分析了生态退耕对农民收入、产业结构、种植结构等的影响，认为生态退耕政策的实施显著增加了农民人均收入，促进了农业结构调整和农村剩余劳动力转移。

二是退耕还林导致农民收入减少。黎洁等通过西部部分地区农户退耕前后收入变化研究发现，尽管退耕还林增加了农民收入，但参与退耕农户的耕地面积和农业劳动时间变化，对中低水平的农户收入也仍有一定的负面作用（黎洁等，2010）。宋元媛等通过对农户总收入分解得出，退耕还林一方面减少了农户的农业收入，另一方面增加了农户的工资性收入（宋元媛等，2013）。然而，由于现阶段农户农业收入仍是其收入的主要来源，就农户收入而言，退耕还林的正向效应被负向效应抵消，表现出收入损失的特征。

三是退耕还林对农村经济发展、产业结构、农民收入等影响甚微。徐志刚等通过退耕还林工程的成本有效性和经济上的可持续性进行了评估，结果表明，退耕还林工程对农民收入及结构调整方面效果不显著，工程的可持续性值得商榷。Uchida、Xu 等认为退耕农户财产性收入增加，养殖活动逐渐兴起，但这并不表明农民开始向非农行业转移，退耕还林在脱贫增收方面的作用并没有达到预期的目标（Uchida E 等，2007）。王欠等认为川西地区退耕还林政策的两个变量均与农民收入之间存在较强关联，但退耕还林面积与农民收入的关联性更强，长期来看，农民收入与退耕还林面积关联度曲线呈"U"形，农民收入与退耕还林补助关联度变化呈下降趋势（王欠等，2013）。

总体说来，大多数学者认为退耕还林对农民收入存在积极的正效应，仅有少部分人认为退耕还林对农民收入影响甚微或存在负效应。但就已有研究而言，描述性研究较多，定量研究较少，退耕还林对农民收入的影响较少通过计量分析深层次揭示退耕还林对农民收入影响机理，而多停留在指标变化分析层面。

（二）集体林权制度改革

我国拥有 1.82 亿 hm² 的集体林地，占全国林地总面积的 60.06%，涉及 5.6 亿农民。新中国成立以来，集体林权制度在"分与合""统与放"中经历了 4 次调整：土改时期分山分林到户，农业合作化时期山林入社，人民公社时期山林集体所有、统一经营，改革开放初期稳定山权、林权，划定自留山，确定林业生产责任制。然而，这 4 次改革始终没有确立农民经营林业的主体地位，农户发展林业的积极性始终没有被激发出来。

2003 年 6 月，中共中央、国务院颁布《关于加快林业发展的决定》，对集体林改提出了总体要求。福建、江西、浙江、辽宁等省率先开展以明晰产权、放活经营落实处置、保障收益为主要内容的新一轮集体林权制度改革。2008 年 6 月，党中央、国务院在总结先行试点省份经验的基础上，颁发了《关于全面推进集体林权制度改革的意见》。自此，一场被称之为"继家庭联产承包责任制后，中国农村又一次巨大革命"在全国铺开。这场涉及近 6 亿农民切身利益的改革，将经济价值高达 10 万亿元的集体山林资源分权到户，使 1 亿多农户户均拥有森林资源财产近 10 万元，成为"绿水青山就是金山银山"的最好印证。

2016 年 11 月，国务院办公厅印发《关于完善集体林权制度的意见》，对深化集体林权制度改革作出全面部署。截至 2018 年年底，全国流转集体林权 2.83 亿亩，林地年租金由 2008 年改革前的每亩 1~2 元提高现在的每亩约 20 元，部分地方达到每亩 100 元。全国林权抵押面积近 1 亿亩，贷款余额 1300 多亿元，"活树变活钱、资源变资本"的机制初步建立。培育家庭林场、股份合作林场等新型林业经营主体 25 万多个，经营林地面积近 6 亿亩。

农户收入是评价集体林改绩效的重要指标之一，集体林改前后的农民收入变化，一直是研究的热点，学术界围绕集体林改绩效及集体林改对农民收入的影响展开了大量的研究。

张蕾等研究认为集体林改对农户生计有显著影响，集体林改促进了农民林业收入的提高，其中，农户对林改政策的掌握程度以及林地确权发证明显影响林改成效（张蕾等，2008）。陈幸良等认为集体林改对农民收入产生了关键影响，成为林农增收的重要途径（陈幸良等，2008）。孔凡斌认为集体林改带来林农家庭经营性收入、工资性收入和森林资源流转收入的积极变化，并进一步评价集体林改后农民林业收入增长数量、增长速率以及增长机理，分析林改后农民林业收入增长的经济实质、持续增长的限制性（孔凡斌，2008）。张海鹏等认为集体林改后由于林业税费下降、木材销售价格上升、森林资源流转价格上升及采伐量增加等原因，农户的林业收入明显提高，对农户总收入的贡献增加，同时森林资源的可持续经营业得到加强（张海鹏等，2009）。贺东航等认为随着集体林改的推进，农户对林地的投入有所增加，林农收入迅速提高，林业收入结构占家庭总收入的比重不断上升，林业收入结构不断优化，林下经济取得了初步的发展（贺东航等，2010；贺东航等，2012）。侯元兆通过分析国外私有林的经营，认为集体林改的最终目的是提高森林的经营效率，促进林业现代化建设，而非单纯的增加农民收入（侯元兆，2009）。孙妍等认为农户林地抵押权则会促使他们增加在林地上的投入，增加收入，但有林地抵押权的农户生产行为并未显著异于其他农户（孙妍等，2011）。刘小强等认为短期内集体林改对增加农户收入的影响并不显著（刘小强等，2011）。

可以看出，集体林权制度改革开辟了农民就业增收的广阔空间，改变了农户林业生产经营行为，农户所拥有的林地面积增加，林业生产投入的数额及在农民农业生产投入中的比例在不断增加，极大提高了农民林业收入和非林业收入。大部分学者认为集体林改践行"还权于民"的理念，取得了非常好的效果；小部分学者认为集体林改对增加农户收入的影响并不显著，其改革效果尚未完全显现出来；极少部分学者认为集体林改固然产生不可忽视的积极影响，但集体林改影响基层组织与农民的关系，加剧村落内外关系的复杂化，使得传统的民约秩序被打破，集体林改对农民收入的影响会因林改带来的更深层次的社会影响而抵消，产生负面效应。

(三) 生态补偿

生态保护和生态建设的一大共性难题是保护者与受益者分离，保护与收益并不直接挂钩。在综合考虑生态保护成本、发展机会成本和生态服务价值的基础上，采取财政转移支付或市场交易等方式，对生态保护者给予合理补偿，明确界定生态保护者与受益者权利义务，建立生态保护经济外部性内部化的制度性安排，对于实施主体功能区战略、促进欠发达地区和贫困人口共享改革发展成果，对于加快建设生态文明、促进人与自然和谐发展具有重要意义。生态补偿机制是一种调整涉及环境与经济的利益相关者之间的利益再分配关系，以消除负外部性的具有经济激励作用的制度。生态补偿通过平衡利益关系以及建立利益相关者协调机制，补偿为生态保护、环境治理而损失的经济效益，有效地减少贫困(李惠梅等，2013)。实践中，相比传统的"命令"或"控制"的环境政策，生态补偿机制通过补偿为保护环境行为作出的牺牲(Li W H 等，2006)，达到外部性的内部化(Pagiola S 等，2002)。

改革开放以来，我国在建立生态环境补偿政策体系上迈出了重要步伐。1998 年修改的《中华人民共和国森林法》提出要设立森林生态效益补偿基金。2005 年，"十一五"规划首次提出按照谁开发谁保护、谁受益谁补偿的原则，加快建立生态补偿机制。"十二五"规划就建立生态补偿机制问题做了专门阐述，要求研究设立国家生态补偿专项资金，推行资源型企业可持续发展准备金制度，加快制定实施生态补偿条例。2008 年修订的《中华人民共和国水污染防治法》首次以法律的形式，对水环境生态保护补偿机制作出明确规定。

党的十八大把生态文明建设放在突出地位，纳入中国特色社会主义事业"五位一体"总体布局，明确提出了全面建设社会主义生态文明的目标任务。建立生态补偿机制，是建设生态文明的重要制度保障。党的十八大以来，我国的生态保护补偿机制建设顺利推进，重点领域、重点区域、流域上下游以及市场化补偿范围逐步扩大，投入力度逐步加大，体制机制建设取得初步成效。但是，目前的生态保护补偿的范围仍然偏小、标准偏低，保护者和受益者良性互动的体制机制尚不完善，一定程度上影响了生态环境保护措施行动的成效。2016年5月，国务院办公厅印发《关于健全生态保护补偿机制的意见》，要求不断完善转移支付制度，积极探索建立多元化生态保护补偿机制，逐步扩大补偿范围，合理提高补偿标准，有效调动全社会参与生态环境保护的积极性。2018年12月，为积极推进市场化、多元化生态保护补偿机制建设，国家发展改革委等9部门联合印发了《建立市场化、多元化生态保护补偿机制行动计划》，旨在建立政府主导、企业和社会参与、市场化运作、可持续的生态保护补偿机制。2019年11月，为进一步健全生态保护补偿机制，提高资金使用效益，国家发展改革委印发《生态综合补偿试点方案》，在国家生态文明试验区、西藏及四省（青海、四川、云南、甘肃）藏区、安徽省，选择50个县（市、区）开展生态综合补偿试点。

国外生态补偿政策和相关制度实施近30年，补偿内容主要体现在森林景观游憩、森林碳汇、流域保护和生物多样性等，补偿原因在于发展受限制地区缺乏生态外部性效益的量化和补偿。而我国有关生态补偿研究始于20世纪90年代初期的生态系统服务价值货币化定量评估，由于我国生态系统退化往往与人口增长及贫困存在着密切的关系，国内学者主要将研究重点集中在生态脆弱区贫困人口的生态补偿问题上，倾向于将生态补偿与减少贫困和区域发展结合起来，开展生态补偿的理论、制度、补偿标准等研究。

吴水荣等认为生态补偿可能为低收入人群提供较小但却极为重要的收入来源，生态补偿大多数情况下只补偿了森林经营成本的一部分，但却是改善森林经营的催化剂（吴水荣等，2009）。李镜等研究表明岷江上游地区第三产业的发展水平及生态建设者（保护者）外出务工收入水平的高低，直接影响生态建设工程实施的效果，因此，生态补偿的重要策略是通过建立相应的配套措施来增加农民务工的机会（李镜等，

2008)。李惠梅等认为生态补偿通过外部效应内部化的激励机制,对福利损失进行补偿以激励生态保护的行为,进而增加人类福祉,实现贫困减缓(李惠梅等,2013)。王美等从直接成本、机会成本和生态服务功能效益三部分分析农田防护林的生态补偿对农民收入的影响:直接成本包括造林成本、育林成本和管护成本;机会成本是为保护生态功能而放弃经济发展机会所带来的损失;生态服务功能效益包括防风、热力、水文、固碳等效益等,其价值约为木材价值的10倍。杜继峰等认为生态补偿作用只是使农民或地方政府的经济状况不倒退,农业产业化和农村人口城镇化才是帮助待补偿区域脱贫致富的长久之计。李芬等研究结果显示就业和收入来源的多元化在一定程度上成为激励农户的生态补偿意愿的重要因素,农业比较收益低下是造成家庭人口数量多的农户生态补偿意愿高的根本动因,而农业生产流动资本投入的增多将弱化农户的生态补偿意愿。赵雪雁、侯成成等认为生态补偿后甘南黄河水源补给区农户生计总资本显著增加,除自然资本下降外,其余各类生计资本均增加,同时,农户收入结构产生较大调整,农户生计方式也发生显著变化,从事非农活动的农户比例增加,生计多样化指数增加(侯成成等,2012;张方圆等,2013)。

国内对生态补偿的研究,主要以经济手段为主,由国家和地方政府直接向实施林业重点工程地区、生态公益林区等生态脆弱地区的农民进行生态补偿,即政府是补偿者,农民为受偿者的一种"输血式"补偿机制,尚未将生态补偿纳入市场机制,补偿方式单一,可持续性差,不利于发挥生态补偿对农民脱贫增收的作用(杨姝影等,2006;赵伟等,2010)。

(四)其他相关研究

除上述林业相关政策外,我国学者还围绕林产品贸易政策、限额采伐政策、林业税费政策等,研究林业政策对农民收入的影响。

研究林产品贸易政策对农民收入影响较少,牛利民等运用VAR模型研究了我国林产品贸易对农民林业收入及农村收入分配的影响,认为我国林产品进口和出口贸易对我国农民林业收入的影响为正,但前者的影响较小，并且二者与我国农村基尼系数均为正相关关系（牛利民等，2010）。此外，林业贸易有恶化收入分配的作用。

林产品限额采伐政策对农民收入影响较为复杂。黄斌认为应从木材销售收入和木材生产成本两个方面考察采伐限额管理制度对单个农户林业收入的影响，限额采伐管理制度通过增加农民相关成本而非削弱木材销售收入的方式，减少了农民收入（黄斌，2010）。张广胜等认为实施采伐限额制度后，为获得采伐指标的"寻租"行为大量产生，大大增加了农户的木材的采伐成本（张广胜等，2010）。何文剑等对比了正常获取指标和非正常获取指标下的农户林业收入，认为采伐限额使农户的林木所有权遭到了稀释，农户的林业收入损失与其采伐指标呈反向关系（何文剑等，2012）。

21世纪初实施的林业税费改革政策，减少了林农的税收负担，提高了林农林业生产经营积极。然而政策实施的具体效果，却引起学者的怀疑。郑宇从收入分配、资源消耗、财政预算与财务风险、资金循环、资源培育等角度分析了林业税费改革绩效，认为税费改革并没有带来农民收入的提高。

综上，无论国家实施林业政策的初衷为何，最终的落脚点都会归于经济社会的可持续发展方面，考虑林业政策实施对微观主体的影响与作用。国内外普遍从行为经济学出发，从理论和实证角度分析林业对农民收入的影响，呈现出林学、生态学、环境学、经济学等多学科交叉融合的现状，并采用案例分析论证林业对地区生态环境保护和农民脱贫致富的作用。

三、研究目标

在对石漠化与林业发展关系进行详细阐述的基础上，对我国石漠化片区扶贫开发的典型模式进行研究及评价，并以广西为例，对林业与广西石漠化片区农民收入之间关系进行分析，全面评价林业在石漠化治理与促进农民增收中的作用，并提出深化和增强林业对石漠化片区农民收入影响、加快石漠化片区林业发展的政策措施。

第二章
我国石漠化片区概况

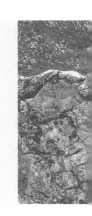

第一节 石漠化问题由来

我国有关喀斯特石漠化问题的记载由来已久。两千多年前的《山海经》中便有对伏流的记载，晋代也有关于这一类环境地质的记载，宋代沈括《梦溪笔谈》、范成大的《桂海虞衡志》等都讨论了石灰岩地貌的成因问题。300多年前的17世纪，明代地理学家徐霞客对中国西南特殊地质地貌进行了详细的描述。《徐霞客游记·黔游日记》中记载："1638年3月29日，……四里，逾土山西度之脊，其西石峰特兀，至此北尽。逾脊西北行一里半，岭头石脊，复夹成隘门，两旁石骨嶙峋……；4月15日，……从西入山峡，两山密树深箐，与贵阳四面童山迥异。自入贵省，山皆童然无木，而贵阳尤甚。"可见在徐霞客时代就已经对我国的喀斯特地区地形、地貌和植物作出考察，不仅对地貌有"土山""石山"之分，而且对石漠化"童山"也有认识，并将生态良好的"密树深箐"与生态恶劣的"童山"相对照（袁道先，2008），比欧洲最早的喀斯特著作早了两百年左右。明嘉靖年间《贵州通志·风土》记载："风土艰于禾稼，惟耕山而食……"。清康熙年间《贵州通志序》记载："今黔田多石，而维草其宅，土多瘠而舟楫不通"。清雍正年间《世宗皇帝实录》记载："有本来似田而必其成熟者，如山田泥面而石骨，土气本薄，初种一二年，尚可收获，数年之后，虽种籽粒，难以发生。且山形高俊之处，骤雨瀑流，冲去天中浮土，仅存石骨……"。可见，那个时期人们已经认识到石漠化带来的生态问题，给农民生活造成一定的损失。

19世纪以来，西南喀斯特地区经历的几次人为浩劫，奠定了如今石漠化问题的局面。第一次是自1840年以来近百年的战乱破坏；第二次是20世纪50年代末至70年代诸如"大炼钢铁""以粮为纲""向山要粮"等一系列政策对喀斯特地区生态环境带来了毁灭性的破坏；第三次是改革开放后农村经济体制改革初期，由于经验的缺乏及配套措施尚不完善，土地再度回到农民手中后，其林木纷纷被砍伐种粮，生态环境再度遭到破坏（李松，2009）。

1973年Legrad在《Science》上发表了《喀斯特地区的水文和生态环境问题》，首次提出了喀斯特地区地面塌陷、森林退化、旱涝灾害、原生环境中的水质等生态环境问题，从而使喀斯特地区的生态环境问题受到世界各国的普遍关注（Legrand H E等，1973；Ford D C等，1989；John G等，1991），国际社会对马来半岛、美国卡罗来纳、新西兰和南非喀斯特地区以及德国的Solnhofen石灰岩地区开展了一些石灰岩植物区系的形成及其生理生态研究工作（Kobza R M等，2004）。

1983年5月，美国科学促进年会第149届年会举办了名为"喀斯特和沙漠边缘脆弱地区环境退化与重建"的喀斯特环境分会（Degradat Ion and Rehabilitation of Fragile Environment：Karst and Desert Marg in，Detroit，Michigan），引起了全球对岩溶生态环境的重视。同年9月，贵州环境学会组织召开了"贵州喀斯特环境问题学术研讨会"，研究讨论贵州省的"石山化"问题。此后，国际水文地质学家协会（IAH）、国际地理联合会（IUG）、国际洞穴联合会（UIS）先后设立了专业委员会协调交流各国同行对岩溶生态环境的研究。

1994年袁道先院士首次将"石漠化"英译"rock desertification"一词推向国际岩溶学界，其他学者则采用"karst rock desertification"来表征喀斯特地区土地退化过程，1995年"石漠化"一词在国内正式出现（苏维词等，1995）。

近30年来，对喀斯特地区生态环境问题研究一直受到世界上许多国家的重视，喀斯特石漠化发生成因、分类、分布、特征及治理等一直是科技工作者研究的热点，但仍有许多尚未攻克的难点和重点。

第二节　石漠化的科学内涵

一、石漠化范围界定

尽管我国对喀斯特地区的石漠化问题记载较早，但长期未能受到学术研究的重视，且国内对石漠化问题进行研究时，往往存在"喀斯特""石漠化""喀斯特石漠化""岩溶石漠化"等不同描述，给人们造成一定的混淆。

"喀斯特"（即岩溶，karst），为音译词，取自南斯拉夫西北部喀尔斯高原地名，意思是岩石裸露的地方。19世纪中叶，维也纳地理地质学院赋予了喀斯特准确的含义，并把它变为碳酸盐岩地区地质地貌的国际科学术语，用以表示喀斯特地区一系列作用与现象的总称。中国的喀斯特地貌分布广泛、类型众多，总面积达200万 km^2 左右，全国各省份均有分布，但主要集中在云贵高原和四川西南部，那里的碳酸盐类岩石（石灰石、白云岩、石膏、岩盐等）分布广泛，是喀斯特地貌发育的物质基础。2014年6月23日，以桂林喀斯特、施秉喀斯特、金佛山喀斯特和环江喀斯特组成的中国南方喀斯特第二期在第38届世界遗产大会上获准列入世界遗产名录。

"石漠化"是我国专有的名词，是我国学者针对我国西南喀斯特地区生态环境问题提出来的。1981年，袁道先首先使用石漠化概念表征植被、土壤覆盖的喀斯特地区转变为岩石裸露喀斯特景观的过程，并指出石漠化是中国南方亚热带喀斯特地区严峻的生态问题，它导致了喀斯特风化残积土层迅速贫瘠化，是我国四大地质生态灾难中最难整治、最难摆脱贫困的灾害（袁道先，1981）。1995年，苏维词等在综合大量实地考察资料的基础上，阐述了贵州喀斯特地区山地的石漠化现状、危害、成因等，至此，"石漠化"一词正式出现。

从科学的角度，根据发生区域、岩性和发生原因的不同，石漠化可分为广义和狭义的石漠化。广义石漠化（石山荒漠化或石质荒漠化，rock desertification）包括南方湿热地区人类活动和自然因素所导致的地表出现岩石裸露的过程和景观，除喀斯特地区的石漠化外，还包括花岗岩石漠化、红色岩系石漠化、紫色砂页岩石漠化等。广义石漠化类型中，喀斯特石漠化分布最广，对区域的可持续发展影响最深，引起了越来越多的关注，所以人们将喀斯特石漠化定义为狭义石漠化，见图2-1。

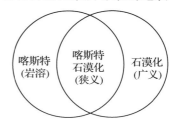

图 2-1　石漠化相关概念区分

鉴此，"喀斯特"与"石漠化"是两个不同的概念。然而，现实中"石漠化"往往特指发生在喀斯特地区狭义的土地石漠化，即"喀斯特石漠化"或"岩溶石漠化"，本文亦是如此。

二、石漠化概念定义

科学概念的确立是理论研究的基础和前提。对石漠化概念的正确界定是石漠化现状调查与评价的基础，直接关系到石漠化成因、演化、石漠化评价指标的研究以及喀斯特石漠化地区的生态重建。

早期的石漠化归属于荒漠化的范畴内，并未对其作出严谨的科学定义。1991年联合国亚太经社会根据亚太区域的特点和实际，提出荒漠化还应包括"湿润及亚湿润地区由于人为活动所造成环境向着类似荒漠景观的变化过程"。1994年《联合国防治荒漠化公约》指出："荒漠化是指包括气候变化和人类活动在内的种种因素造成的干旱、半干旱和亚湿润干旱地区的土地退化"。可见，早期石漠化是作为荒漠化的一种类型，并未严格区别于一般意义上的荒漠化。

随着国家的高度重视和研究的逐步推进，对石漠化的认识也在不断加深。部分学者认为，石漠化是一种土地退化现象（张殿发，2001），是指热带亚热带湿润半湿润气候条件和岩溶极其发育的自然背景下，受人为活动干扰，地表植被遭受破坏，导致严重水土流失、基岩大面积裸露或砾石堆积，形成类似于土地荒漠化一种的土地退化现象，这种现象就是喀斯特石漠化。其他学者则认为，石漠化是一种土地退化过程（屠玉麟，1996；王世杰，2002；李阳兵等，2004；王德炉等，2005；宋维峰，2007；李森等，2008；张军以等，2011），石漠化是人类不合理社会经济活动对生态的干扰破坏，造成植被及生物多样性下降、土壤严重侵蚀、基岩大面积裸露、土地生产力严重下降等一种土地退化过程。不同土地利用类型的石漠化表现形式有所不同，石漠化过程与石漠景观没有必然联系，并非所有的石漠化过程均使土地出现类似荒漠的景观。

石漠化是喀斯特地区生态环境出现逆向演替的一种特殊的物质运动形式，土地退化过程是其本质，而石漠化景观则是其表象。"现象"论有利于考察石漠化问题引起的土地退化景观，但过分强调石漠化的静态属性而忽视其动态过程，对石漠化的认识难以深入本质。"过程"论从动态的角度抓住了石漠化问题的实质，但由于重过程而轻现象，忽略了事物的本质寓于形式的客观性。因而，石漠化既是现象又是过程（李阳兵等，2005），石漠化是在热带亚热带暖温带湿润半湿润气候条件的喀斯特环境背景下，由于人类活动和自然因素，致使地表植被遭受破坏，土壤严重侵蚀，基岩大面积裸露或砾石堆积，土地生产力严重下降的过程，地表出现类似荒漠景观的土地退化现象。

三、石漠化科学内涵

石漠化是土地荒漠化的主要类型之一，它以脆弱的生态地质环境为基础，以强烈的人类活动为诱因，以土地生产力退化为本质，以水土流失为核心，以类似荒漠景观为标志。

（一）以脆弱的生态地质环境为基础

石漠化是我国西南热带亚热带的湿润半湿润的喀斯特地区特有的生态地质环境问题。世界上具有不同生态地质环境背景的喀斯特地区，喀斯特系统与人类活动相互作用的环境效应是极不相同的。东南亚、中美洲等地的新生界碳酸盐岩,孔隙度高达16%~44%,具有较好的持水性,新生代地壳抬升也较小,喀斯特双层结构带来的环境负效应不是很严重。

我国西南喀斯特地区丰富的碳酸盐岩具有易淋溶、成土慢、裂隙发育等特点,是石漠化发生扩展的地质背景;特定的地质演化过程奠定了喀斯特地区陡峻而破碎的地形,为石漠化的发生扩展提供动力潜能;热带亚热带温暖湿润的水文条件导致喀斯特地区雨热同季,为岩溶发育提供了必要的侵蚀营力。

脆弱的生态地质环境主要表现在生态敏感度高,环境容量低,生境承载阈值弹性小,稳定性差等。其中,土壤和植被是西南喀斯特地区石漠化形成极为敏感的自然要素,具有显著的脆弱性。

(二) 以强烈的人类活动为诱因

石漠化是在脆弱的生态地质背景基础上叠加了人类活动而产生的,自然因素并不足以造成环境的明显改变,且石漠化的发生与扩张主要发生在人类活动对自然作用较强的历史时期。我国西南喀斯特地区特殊的社会经济背景是石漠化形成的直接诱因,也是石漠化面积扩张和程度加深的主要驱动力,石漠化扩张的主要路径表现为"人口增加—贫困—毁林开荒等—水土流失—石漠化"。喀斯特地区特殊的地质与气候背景导致其水土流失与石漠化是一个漫长的地学过程,这种变化在历史长河中相对于人类社会来说是极为缓慢的。部分学者甚至认为石漠化土地不包括由自然因素形成的原生类石漠或荒漠景观,只有人为干扰活动(如陡坡开垦、毁林开荒等)形成的裸岩景观才能称之为石漠化。

喀斯特地区生境的严酷性和生态系统的脆弱性是喀斯特地区特殊的自然地质生态本底,只要人为干扰不超出一定范围或临界值,不可能形成大范围的类荒漠景观,换言之,石漠化的扩张主要受控于人类不合理的干扰活动,改变不合理的土地利用方式,消除人为干扰后,石漠化土地可以恢复到原有的自然景观或生产力水平。因此,石漠化土地发生扩展的本质原因是未能在沉重的人口压力和脆弱的生境之间找到一种恰当的土地利用方式。

喀斯特地区岩性、地貌、土壤系统、流水、植物群落及岩溶表层水循环系统构成了一个内部耦合系统，人类活动首先作用于岩溶表层植物群落，使地表土壤的下渗条件迅速改变，在降水后，流水通过裂隙、落水洞迅速进入岩溶地下水循环系统，使岩溶表层水循环系统失去稳定的水补给源，土壤含水量下降造成土地易干旱，如遇暴雨引起水土流失，土地逐步石漠化。人类活动打破了岩溶表层内部耦合系统的平衡，使生态系统多样性结构退化，功能逐步丧失，系统退化，最终致使石山、土地石漠化的出现。因而，强烈的人类活动是石漠化发生的诱因。

(三) 以土地生产力退化为本质

土地石漠化导致极其珍贵的土壤大量流失、土层变薄、基岩裸露，土壤有机质含量降低、肥力下降、质地恶化、保墒能力差，生态系统退化、植被结构简单、覆盖率降低、水源涵养能力下降、可耕作资源逐年减少，粮食产量低而不稳。

我国西南喀斯特地区富钙偏碱的环境对植被具有明显的选择性，即植被须具有喜钙性、耐旱性和石生性。因而，喀斯特地区生态系统稳定度较低，植物适生种类少，群落结构简单，乔木生长速度慢，土地生产力与相同气候带地区相比明显偏低。植被种类组成从高大乔木向典型的小灌木退化，群落结构上表现为喜光先锋树种增多而耐阴顶极树种减少，其生物多样性呈减少趋势。群落的高度、盖度、显著度、群落生物量随退化程度加深而下降。群落功能水平降低，生态空间缩小，群落的稳定性和对资源利用程度降低，对环境的改善能力降低。乔木树种迅速消失，群落高度急剧下降，当乔木树种完全退出后，高度下降的趋势减缓。群落盖度呈下降趋势，但有乔木树种存在时，趋势较缓，乔木树种消失后，趋势加快。随着植物群落退化度的提高，土壤质量发生明显退化，有机质和腐殖质数量减少，肥力下降，植物可利用的养分含量减少，土壤生产力逐渐丧失，提高了石漠化对生态环境影响的潜能。喀斯特生境退化后，土壤微生物总数下降，主要微生物类群（优势类群）所占比例亦有所变化，土壤微生物各主要生理类群数量明显减少，土壤酶活性、土壤呼吸作用强度减弱，土壤生化作用强度也呈降低趋势，土壤供肥能力降低（龙健等，2006）。

（四）以水土流失为核心

水土流失是石漠化的核心问题，西南喀斯特地区中度以上水土流失敏感性地区占总面积82.8%（凡非得等，2011），甚至早期的石漠化现象就是作为一种等同于水土流失的环境问题提出的。石漠化是西南喀斯特地区特殊的水土流失结果，水蚀化学风化作用、流水侵蚀冲刷物理风化作用及对土壤的经营管理不当，使原本不连续的土层流失，大片岩溶化基岩裸露。水土流失是在其特殊的地质、地貌、气候、水文等因素共同作用后的产物，水土流失严重地区的荒凉贫瘠程度与干旱气候带的荒漠类似。

石漠化主要发生在温暖湿润的热带亚热带地区，年平均日照时数在1200~1600小时左右，年积温（≥10℃）在5000~8000℃左右，来自印度洋的西南季风和太平洋的东南季风对该区气候产生重要影响，降水充沛（绝大部分地区平均年降水量为1000~1600mm，最高达1800~2000mm）且较为集中（年降水量75%发生在5~9月），温暖湿润的气候加上降水量大于蒸发量（年均相对湿度为75%~80%），形成水热同期的分布特点，为喀斯特地区的水土流失提供强大的侵蚀营力，使该区极易发生水土流失。

喀斯特地区碳酸盐岩岩性构成独特的喀斯特地区二元结构，水土流失不仅在地面，还存在水土的地下漏失。地面流失占水土流失的主要部分，但地下漏失也是不可忽视的土壤流失方式，泥沙通过短距离的坡面运移从低洼处的落水洞、漏斗进入低下管道。溶沟、溶槽、洼地发育以及石质化严重的纯碳酸盐岩坡地，地下流失往往是主要的土壤流失方式。

（五）以类似荒漠景观为标志

石漠化发生发展的主要标志是土地出现类似荒漠景观的变化生态系

统逆向演替过程，即产生景观格局的演变，原有的植被退化或消亡，植被覆盖率降低，基岩裸露。由于基岩裸露率、森林覆盖率等数据比较容易通过地面调查和遥感获得，类似荒漠化景观是实践中喀斯特地区石漠化的最主要判别标准之一。脆弱的生态系统在人类活动强烈的干扰下，景观格局沿着"森林—灌丛—裸岩"的方向演变。

我国西南喀斯特地区由于受到土层浅薄和气候干旱的影响，林业立地条件不复存在，只能形成次生的草丛植被或灌丛，加之特殊的生态地质背景，只有具备石生性、喜钙性和旱生性的植物才能够在这样严酷的生境中生存下来。因而，石漠化不仅导致生态系统多样性的减少，而且使植被发生变异以适应环境，造成喀斯特地区森林退化，区域植物种属减少，群落结构区域简单化，石漠化地区多为旱生性植物群落，如藤本刺灌木丛、旱生性禾本灌草丛和肉质多浆灌丛。

然而，类似荒漠化景观的石漠化土地并不等于完全荒漠化土地，温暖湿热的气候背景加之岩溶缝隙中仍保留着部分碳酸盐岩风化残土，使得该地区仍然具备生态重建的可能性。

四、石漠化生态影响

土地石漠化对当地生态环境的影响主要是改变土壤理化性质，降低土壤养分，造成植被群落退化，降低土壤保水性能，导致水土流失。而水土流失反过来又进一步加剧了石漠化进程，形成"石漠化—水土流失—石漠化"的恶性循环。

石漠化的发展会导致土壤理化性质恶化，包括土壤沙化、黏性增加、酸度降低、容重增加、团粒体结构破坏、毛管孔隙度下降、蓄水能力降低，腐殖质、有机质减少、肥力降低、侵蚀和淋溶程度加强、生物富集作用减弱、土地垦殖率增加，等等。从而导致土壤质量发生明显退化，植物可利用的养分含量减少，植被群落退化，生境生物多样性降低。

植被群落退化表现为植被从以乔木为主退化为以灌木、草丛为主，甚至无植被覆盖，进而削弱地表的保水功能。有研究表明，以灌木、草丛等低矮零星分布的植被为主的石漠化地区，表层、中层、深层土壤的含水量比以高大乔木为主的非石漠化地区分别低65%、48%、26%。而且，地表保水性能降低，造成大部分泥沙进入河流并在下游淤积，河床变窄、湖泊面积缩小、河道湖泊蓄水泄洪能力下降，最终威胁到中下游地区的生态安全和经济发展。

第三节 石漠化演化成因

石漠化是喀斯特地区自然环境与人类活动综合作用下的特有的二元地质结构，是一个环境退化逆转过程。石漠化土地的演化成因，是研究喀斯特石漠化的基础，只有在正确认识石漠化成因的基础上，才能制定有效的防治措施，从根本上解决石漠化问题。

一、自然因素

(一) 地质因素

第一，岩石岩性。基岩提供了石漠化基底环境的发育基础。我国喀斯特地区出露的碳酸盐岩地层主要为三叠系至前寒武系，主要岩层组合类型有连续型石灰岩、连续型白云岩、灰岩与白云岩互层、碎屑岩夹碳酸盐岩、碳酸盐岩夹碎屑岩、碳酸盐岩与碎屑岩互层等，不同岩组具有不同的孔隙率、渗透率和酸不溶物含量。粒屑结构的碳酸盐岩一般具有较高的孔隙率和渗透率，有利于地下水的运移和岩溶作用的发生。石漠化主要分布在灰岩地区，连续性灰岩是所有岩类中最易发生石漠化的，连续性白云岩次之，即土地石漠化与纯碳酸盐的分布具有明显的相关性。碳酸盐岩与玄武岩、花岗岩相比，其钙、镁含量高，具有明显的富钙性，透水性强，并在大气圈、水圈和生物圈都有明显的表现。D层(碳酸盐岩层)与B层(上覆土壤)因缺乏半风化的C层(母质层)过渡层导致母岩与土壤往往呈现刚性接触，存在明显的软硬界面，土岩之间亲和力和黏着力较差，缺乏过渡结构，在长期的岩溶作用下产生了地表及地下双重二元结构及特殊的垂直径流系统，一遇暴雨，较薄的土层则会被地表径流冲刷殆尽，或通过裂缝、漏斗、竖井、落水洞等进入喀斯特地下岩溶管网，产生水土流失和块体滑移，地表生境干旱缺水，基岩裸露（朱安国，1990）。

第二，土壤发育。喀斯特地区土壤主要来自碳酸盐岩的风化产物，上覆土层与下覆碳酸盐存在明显的对应关系，越纯的碳酸盐岩酸不溶物含量越低，岩石风化残留下来的土壤物质也越少。纯碳酸盐酸不溶物一般小于5%，在风化和岩溶作用过程中，形成的土壤极少，一般而言，成土速率每年每平方千米介于数吨至数十吨之间。据袁道先等人相关研究，喀斯特地区平均25万~85万年才能形成1cm厚土层，若考虑地表的自然剥蚀和土壤侵蚀，成土速率更低。碳酸盐岩石漠化区域岩石中酸不溶物含量较低，表层土粒甚至处于负增长状态，土层厚度一般在30~50cm，其土壤允许侵蚀量远小于非喀斯特地区。部分学者甚至认为喀斯特石漠化现象的发生，本质上是由于喀斯特地区的成土速率远小于水土流失速率而造成的土地生产力退化过程。此外，在地下水以垂直作用方式为主的喀斯特地区，土壤不需要经过远距离的物理冲刷就可以从地表消失，导致溶蚀残余物质或地表原有的风化壳转入近地表岩溶裂隙，从根本上制约了地表残余物质的长时间积累。

（二）植被因素

植物新陈代谢产生的高浓度CO_2和具有侵蚀性的分泌物对碳酸盐岩溶蚀起到强烈的促进作用，土壤、植被覆盖区域的碳酸盐岩侵蚀速率高于少土、少植被区。植被覆盖对喀斯特环境水分的循环和贮存、养分的归还和积累起到至关重要的作用。植被覆盖度越高、多样性越丰富，形成的生态系统结构越复杂，稳定性越大，抗干扰能力越强，环境敏感性越低，反之则敏感性越高。

喀斯特地区植被土壤以单层结构为主，双层结构不发育，地表单层结构脆弱性特点决定了喀斯特生态系统本身存在潜在石漠化的趋势。喀斯特地区植被上层枝叶、下层根系和裂隙中的土壤构成了一个互利的垂直耦合体系，石漠化的各类影响因子首先作用于原生境表层植被，植被覆盖率是土地石漠化的直接表征，地表植被的景观变化过程与石漠化的发育阶段显著相关，表征了石漠化在时间序列上的发展变化（王德炉，2005）。地表植被覆盖减少导致土壤保水能力下降，造成土壤流失，土壤流失使植被难以生长，水土流失更加严重，形成相互促进的恶性循环。

土层浅薄、保水性差、基质富钙等特征决定了其对植物种类成分有强烈的选择性。喀斯特地区作为典型的钙生性环境，其生态环境基底组成的化学元素主要为 Ca、Mg、Si、Al、Mn、Fe、等富钙亲石元素，而植被生长的 N、P、K、Na、I、B、F 等营养性元素则相对匮乏（苏维词等，2006）。以灰分含量 9.5% 计，地上部分生产力 480t／（ $km^2 \cdot a$ ）的中低生产力的喀斯特森林地上部分每年从土壤中吸收了 45.6t／km^2 的矿质养分，除去 CaO 和 MgO，需要 30.8t／km^2 的 Si、K、Na、Fe、P、N 等元素的氧化物，由于纯碳酸盐坡地成土速率低，在持续的砍伐森林和收获作物的情况下，岩石的风化成土不可能长期补充土壤中被植物吸取的矿物养分（张信宝等，2009）。因而，喀斯特地区植物必须具有喜钙性、耐旱性及石生性，具有发达而强壮的根系，能攀附岩石，在裂隙水、土壤水、皮下水中求得水分、养分的补充。限于严酷的石灰岩山地条件，喀斯特地区山地植被的树木胸径、树高生长速率较慢，绝对生长量较小，种间、个体间生长过程差异较大。此外，植被的分布、覆盖率、物种多样性等也会对水土流失产生影响：组合配置模式比单一植被的水土保持效果要好，覆盖率越大，侵蚀越弱；物种组成越丰富，植被分布越均匀，水土保持效果越强。

(三) 地形因素

特定的地质演化过程奠定了喀斯特地区特殊的地形：以挤压为主的中生代燕山构造运动使西南地区发生褶皱作用；以升降为主、叠加其上的新生代喜马拉雅构造运动塑造了现代陡峻而破碎的喀斯特高原地貌景观，由此造成较大的地表切割度和地形坡度(王世杰，2002)。石漠化土地多集中在地表起伏较大、水土分离严重的地貌单元内，喀斯特山区不仅山地面积大，而且坡度陡，山多坡陡的地表结构加剧了斜坡体上水、土、肥的流失，不利于水土资源的保存。除丘陵地区外，石漠化发生率随着地形切割度的增大而增大，且同一地貌单元中随相对高差的增大有增大的趋势。

地形因素直接影响植被的立地条件，对植物群落的分布具有显著影响。西南喀斯特地区石漠化主要发生在坡度较大的坡面上，坡度为水土流失提供了重力势能，缩短了岩溶二元结构的水循环周期，间接强化了表层岩溶带对植物群落调蓄降水的依赖。坡度起伏程度影响着水土流失强度，坡度越大，地表物质的不稳定性就越强，土壤越容易遭受侵蚀而变薄流失。严冬春等对平均坡度为 22°的黔中高原清镇市王家寨喀斯特坡地研究表明该地的土壤平均质量厚度(单位面积<2mm 颗粒的干土重)为 $16.04 kg/m^2$(严冬春等，2008)；李豪等对平均坡度为 22.5°的中科院长沙亚热带农业生态所广西环江站喀斯特坡地的研究表明该地的土壤平均质量厚度为 $21.95 kg/m^2$。以土壤容重 $1.0 g/cm^3$ 计算，两坡地相应的土壤厚度分别仅为 1.6cm 和 2.2cm(李豪等，2009)。

此外，地形因素还影响着其他非生物资源的分配，包括光照、水分、温度、土壤等资源的再分配。一般而言，坡度由上至下具有明显的反向关系，上坡位光照较强，但昼夜温差较大、水分蒸腾快、湿度较低、土层较薄；下坡位光照较弱，但昼夜温差较小、水分蒸腾慢、湿度较高、土层较厚；中坡位则介于二者之间。

(四)气候因素

石漠化地区主要分布在热带、亚热带季风湿润气候区，雨热同季，降水充沛。雨季高温与强降水同时出现，为石漠化形成提供必要的侵蚀动力和适宜的溶蚀条件。气候因素是喀斯特形成、演化的背景，提供了喀斯特地区特有的水文条件，决定了植被类型及土壤形成的方向和强度，是喀斯特生态系统的侵蚀动力。

石漠化与气温存在很大的关联性，当温度较低时，降雨量的变化对溶蚀速率的影响很小，气温大于15℃（通常在16~20℃）时，岩溶作用随着气温升高而增强。湿热的气候条件下，强烈的化学淋溶作用，使风化物中较高的黏粒发生垂直下移，形成上松下黏，造成一个不同物理性质的界面，容易产生水土流失（王世杰等，1999）。

石漠化也与降水存在直接的关联性。植被覆盖率低的区域，强降水超过土壤下渗能力，形成的地表径流对土壤直接冲刷，是形成喀斯特地区水土流失、岩石裸露的直接原因。根据 M. M. Sweeting 的研究，碳酸盐岩溶蚀量（D_R）与降水量（P）之间的关系为：

$$D_R = 0.0043 P^{1.26}$$

而刘再华则认为碳酸盐岩溶蚀量（D_R）与径流（$P-E$）之间的线性关系：

$$D_R = 0.0554(P-E) - 0.0215 r$$

式中：P——降水量，mm；

E——蒸发量，mm；

r——系数，取 0.98。

西南喀斯特地区年均降水量约 900~1300mm，暴雨集中在春夏两季。尽管喀斯特地区降水量较大，但由于季节分配不均，土壤较薄而贮水能力差，入渗系数高，低下水高低水位变幅可达数十米，即使在多雨季节，也常出现蒸发量大于降水量的干燥期，形成湿润气候条件下的岩溶型干旱，中生性植被生长不良，取而代之的为旱生带刺的灌木或藤本植物，植被处于逆向演替阶段，此时人类活动的不合理干扰，会加速逆向演替工程，形成喀斯特地区石漠化。同时，降水因地形而再分配，通过侵蚀、搬运等作用，易造成土壤斑块破碎。流水对基底环境的破碎作用，主要作用于土壤整体连续性及对植被过渡带土壤的切割。

其他因素如灾害性气候、有害生物灾害等，也会致使植被盖度下降导致潜在石漠化土地逆向演替为石漠化土地。

二、人为因素

岩溶地区人口密度大，地区经济贫困，群众生态意识淡薄，有意无意地掠夺自然资源以维持不断增长的人口需求，各种不合理的土地资源开发活动频繁，导致土地石漠化。据统计分析，人为因素形成的石漠化土地中，过度樵采形成的占 31.4%，不合理耕作形成的占 21.2%，开垦形成的占 15.1%，乱砍滥伐形成的占 13.4%，过度放牧形成的占 8.2%。另外，乱开矿和无序工程建设等也加剧了石漠化的扩展，占人为因素形成的石漠化面积的 10.7%。然而，人为因素虽然被认为是石漠化发生的诱因，但对人为因素的研究却远不及自然因素深入。

（一）过度樵采

喀斯特地区经济欠发达，农村能源种类少，群众生活能源主要靠薪柴，特别是在一些缺煤少电、能源种类单一的地区，樵采是植被破坏的主要原因。据全国石漠化监测区的能源结构调查，36% 的县薪柴比重大于 50%。樵采的主要对象是灌木丛和灌乔过渡阶段的林分，长期的樵采对主林层影响较小，但对灌木层和更新层影响强烈，导致主林层种群结构发生变化。

（二）不合理的耕作方式

喀斯特地区山多平地少，农业生产大多沿用传统的刀耕火种、陡坡耕种、广种薄收的方式。由于缺乏必要的水保措施和科学的耕种方式，充沛而集中的降水使得土壤易被冲蚀，导致土地石漠化。耕作破坏植物根系，溶沟、溶槽和洼地内的土壤失去植物根系的网固，促进土壤向下蠕滑，犁耕将坡地上部的土壤运移到下部，迫使"筛孔"内的土壤向下漏失，耕作后疏松土壤一遇径流入渗和灌溉渗水，增加孔隙和裂隙的入渗水量，促进土壤的蠕滑和管道侵蚀。人类不合理的耕作方式导致土壤水稳性团聚体和有机质含量下降，进而影响其抗水性和储水性，加剧生境的干旱（李阳兵等，2007）。长期的粗放式耕作使地力消耗过大造成土壤肥力下降，土壤缺 N、缺 P、缺 K 的现象普遍存在，严重制约着农作物产量的提高。粗放式耕作单位面积土地产出率低，广种薄收，对土地利用多，培肥少，使土壤愈趋贫瘠，甚至丧失最基本的生产力，最终导致植被减少，地力下降，生态环境恶化。

(三) 过度开垦

喀斯特地区耕地少，为保证足够的耕地，解决温饱问题，当地群众往往通过毁林毁草开垦来扩大耕地面积，增加粮食产量，这些新开垦地，土壤流失严重，最后导致植被消失，土被冲走，石头露出。开垦弃耕通常靠近存在，分布于土体连续、土壤较多的地段，耕种数年后弃荒，土壤中无性繁殖体缺乏，植被的自然恢复主要靠喜光性先锋树种的飞籽侵入。毁林开荒导致土壤水稳性团聚体数量减少，从而亦导致土壤颗粒有机碳的加速分解而大量丧失。人类开垦使土壤退化，颗粒粗化，土体结构破坏，容重增加了 $0.12 \sim 0.60 g/cm^3$，总孔隙度降低了 $12.0\% \sim 39.8\%$，持水性变劣，养分下降(龙健，2006)。此外，西南喀斯特地区先后出现几次大规模砍伐森林资源，导致森林面积大幅度减少，如大炼钢铁时期大规模的砍伐活动和 20 世纪五六十年代推行的"以粮为纲"的政策等，使森林资源受到严重破坏。由于地表失去保护，加速了石漠化发展。

(四) 乱放牧

放牧主要集中在村寨周围，以放牧和采割牧草为主要方式，将土壤中的无性繁殖体挖出，大大减少了无性繁殖体的数量。喀斯特地区散养牲畜，不仅毁坏林草植被，且造成土壤易被冲蚀。据测算，一头山羊在一年内可以将 10 亩 3~5 年生的石山植被吃光。

(五) 无序工程建设

不合理的矿产资源开采是导致喀斯特地区土地石漠化的重要因素。矿产资源极其丰富的地区，矿产开发确实推动了当地经济的发展，但同时也带来许多环境问题。喀斯特地区开发的很多矿产是露天开采，露采使得大量固体物质离开原地，对地表植被和地貌造成严重破坏，形成了土地荒芜、水土流失、基岩裸露的矿业石漠化景观。岩溶区地下暗河、落水洞极为发育，裸露岩溶区的矿产开发，引起地应力变化，岩石变形，上覆岩层结构受到破坏，在重力作用下形成的地下空洞也常会引起塌方。在雨季因地表无植被保护，地面破坏严重，常会诱发泥石流、滑坡等地质灾害。此外，喀斯特地区基建工程的增加也会导致土地石漠化。一方面，喀斯特地区城市扩张占用大量地势平坦、质量较好的土地，农民为了温饱又盲目地进行陡坡开垦，既浪费了土地资源，又使生态环境不断恶化，一些土层较薄的岩溶洞穴地区甚至会出现建筑物荷载超过洞穴顶部土拱强度而导致地面塌陷现象；另一方面，地方政府往往会为了当地独特的喀斯特景观而盲目的进行旅游开发。例如，贵州荔波樟江风景区是极为典型的喀斯特生态区，开发者曾在开发过程中水上森林旅游区用水泥修建了供人观赏的一块平地，单纯从保存物种的角度出发，保留了水上森林优势树种——河滩冬青，忽视了水泥的强碱性和腐蚀作用，景观建成不到一年，周围河滩冬青全部死亡。另外，岩溶洞穴开发中修建的大量人为景观，虽然改变了原始景观的单调性，却破坏了洞穴原来环境下的温度、湿度、水质等条件，对景观和周围的生态环境形成极大影响。

综上，石漠化发生扩展的本质原因是未能在沉重的人口压力和脆弱的生态环境之间找到一种恰当的土地利用方式。人类活动对岩溶生态系统作用的长短、强弱等，以及岩溶生态系统本身较弱的抗干扰能力、缓冲能力和恢复能力综合作用，决定了石漠化的发生和发展方向。任何生态环境问题(包括石漠化问题)的出现，都是人为因素与自然因素相互作用、相互叠加的结果，只不过两种因素对石漠化形成的贡献程度随时间与空间的变化而转移。20世纪50年代以前，人口压力相对较小，生产力发展水平较低，人类对自然的干预能力相对有限，自然因素对石漠化的形成起主导作用，人类活动对石漠化形成的影响很大程度上被自然修复功能抵消，因而石漠化的发展速率相对较慢，并未引起足够重视；20世纪50年代以后，人口快速增长，对粮食的需求压力增大，全国开始大范围提高农业生产，西南地区出现大面积的毁林开荒现象，造成地表岩石裸露，水土流失加剧，同时科技水平的提高使得人类对自然的干预能力加强，自然修复功能难以抵消人类对其扰动的影响，人为因素逐步取代自然因素成为石漠化形成的主导因素，石漠化的发展速率加快，部分地区出现大面积的重度、极重度石漠化现象，石漠化问题开始引起政府与学术界的重视。

第四节 石漠化等级分类

一、按石漠化发育的严重程度划分

石漠化等级分类的划分，一般采用官方的石漠化程度分级标准。2011 年，在国家林业局发布的《岩溶地区石漠化监测技术规定》中，采用基岩裸露度、裸岩结构、地表植被结构和地表覆盖率等指标，将西南岩溶地区石漠化等级分为极重度石漠化、重度石漠化、中度石漠化、轻度石漠化、潜在石漠化和无明显石漠化 6 个级别（表 2-1）。

表 2-1 喀斯特地区石漠化强度分级标准

强度等级	基岩裸露（%）	植被+土被（%）	坡度（°）	平均土层厚度（cm）	农业利用价值
无明显石漠化	<40	>70	<15	>20	宜水保措施的农业
潜在石漠化	>40	50~70	>15	>20	宜林牧
轻度石漠化	>60	35~50	>18	>15	临界宜林
中度石漠化	>70	20~35	>22	<10	难利用地
强度石漠化	>80	10~20	>25	<5	难利用地
极强度石漠化	>90	<10	>30	<3	无利用价值

二、按发生地貌类型划分

从发生的地貌类型上看，石漠化主要分布在古溶原解体、构造活动强烈的河流上游及河谷地带的典型峰丛山区、深切峡谷区，其次是溶蚀丘陵区等碳酸盐岩连续分布区。按地貌类型对石漠化进行划分主要见于学术研究方面。

周政贤等按石漠化发生的地貌类型，将石漠化划分为喀斯特洼地石漠化区，纯质石灰岩、白云岩组成的峰林、峰丛石漠化区，纯质石灰岩、白云岩缓坡山地、坟丘石漠化区，白云岩组成的砂质丘陵石漠化区与碳酸盐类岩层与非碳酸盐岩类岩层互层、间层石漠化 5 种类型（周政贤，2002）。

兰安军按石漠化发生的微地貌类型，将石漠化分为峰林溶原石漠化组合模式、峰丛洼地峰林谷地石漠化组合模式、峰丛峡谷石漠化组合模式 3 种类型；按岩性分为纯灰岩白云岩石漠化、碳酸盐岩层与非碳酸盐类岩层互层间层石漠化 2 种类型；按土地利用方式分为 4 类：①山区有林地经砍伐退化为灌丛草地，进一步砍伐退化为荒草坡，受水、土条件限制，植被恢复困难而发生石漠化；②山区有林地经毁林开荒变成坡耕地，经水土流失石漠化；③坡耕地经水土流失石漠化；④工矿型石漠化土地（兰安军，2003）。

三、按岩性类型划分

按岩性可分为纯质灰岩、白云岩石漠化区，碳酸盐岩层与非碳酸盐类岩层互层、间层；其中纯质灰岩区形成仅有稀疏的藤刺灌丛覆盖的石海，白云质灰岩区形成稀疏植被覆盖的坟丘式荒原。石漠化与岩性具有明显的相关性，强度石漠化主要分布在纯质碳酸盐岩地区，尤其是纯质灰岩地区；中度石漠化在白云岩组合中的发生比例较灰岩组合中高；轻度石漠化在碳酸盐岩与碎屑岩夹层和互层中分布较广；石漠化与纯碳酸盐岩相关关系最明显。

其他的划分类型则更加多样化。如按土地利用方式进行划分，包括有林地—灌丛草地—荒草坡—石漠化土地；有林地—坡耕地—石漠化土地；坡耕地—石漠化土地；工矿型石漠化土地。李阳兵等从喀斯特生态系统运行的地学过程、生物学过程和人为过程出发对石漠化进行分类，提出石漠化过程存在地质石漠化过程、生态系统石漠化过程和人为加速石漠化过程。地质石漠化不需要恢复或重建，只要停止一切人为的干扰活动，让植被与群落自我维持、衍生与发展；生态系统石漠化以保护为主，不应过分进行人为干扰；人为加速石漠化则根据生态系统的退化程度分别采取恢复、重建等措施，提高生态系统的生产力和稳定性。王世杰等采用石漠化土地景观+成因对西南喀斯特地区石漠化土地进行分类，将石漠化按土地景观分为潜在、轻度石漠化，中度石漠化和强度、极强度石漠化，进一步，将潜在、轻度石漠化的原因分为毁林草垦殖、过度采伐和陡坡开垦 3 种；将中度石漠化原因分为毁林草垦殖、过度采伐、陡坡开垦、大气污染和水库淹没 5 种；将强度、极强度石漠化原因分为陡坡毁林草垦殖、过度采伐、采矿迹地、大气污染和水库淹没 5 种（王世杰等，2005）。

评价标准的差异性在于"石漠化"有着丰富的科学内涵：首先，"石漠化"并不等同于"土地退化"，石漠化包含着"度"的概念，因而可以利用石漠化发育程度对石漠化进行划分。其次，"石漠化"的发生与基岩岩性存在密切关系，因而可以按照石漠化发生的基岩性质进行划分。实际工作中，大部分根据石漠化的发育程度来划分石漠化类型，但石漠化发育程度的判别标准则又存在差异，最为常见的是采用单一的岩石裸露率。

第五节　石漠化片区分布

一、石漠化分布

（一）全球石漠化分布

全世界陆地岩溶分布面积近 2200 万 km^2，约占陆地面积的 15%，主要集中在低纬度地区，包括中国西南、东南亚、中亚、地中海、南欧、北美东海岸、加勒比、南美西海岸和澳大利亚的边缘地区等，较著名的区域有中国广西、云南和贵州等省份，越南北部、南斯拉夫狄那里克阿尔卑斯山区、意大利和奥地利交界的阿尔卑斯山区、法国中央高原、俄罗斯乌拉尔山、澳大利亚南部、美国肯塔基和印第安纳州、古巴及牙买加等地。国外喀斯特面积分布较大的欧洲中南部、北美东部因人口和经济压力相对较轻，生态地质环境问题不是很严重，地质环境背景的脆弱性较小、基本上只是一个保护问题。

(二) 中国石漠化分布

喀斯特石漠化主要出现在中国,且集中分布在西南地区的长江流域、珠江流域、红河流域、怒江流域和澜沧江流域。中国西南地区是世界三大集中连片分布喀斯特地区(欧洲中南部、北美东部和中国西南地区)中,面积最大、发育类型最齐全、景观最秀丽和人地矛盾最突出、生态环境最脆弱的岩溶片区,以第二级阶梯的云贵高原为中心,北起秦岭山脉南麓,南至广西盆地,西至横断山脉,东抵罗霄山脉西侧,区域内地势西北高、东南低,地形地貌、岩性、气候条件极其复杂多变,受大地构造运动的影响,地表高程逐步抬升,岩体皱褶、断裂和变形,河流的切割作用不断加大,从而构成了陡峭而破碎的地形特征,山岭河谷交错,相对高差大,丘陵山地面积比重较高。西南岩溶面积78万km^2,其中裸露岩溶区54万km^2,包括四川、云南、广西、重庆、贵州、湖南、湖北、广东等8个省份。其中,滇、桂、黔、湘碳酸盐岩出露面积37万km^2,占该区纵面的36%。由于西南地区山地面积大,降水丰沛,可溶岩成土速率慢,土层薄,极易发生水土流失,人地矛盾非常突出,坡地植被一旦破坏,将很难恢复。

国家林业局(现国家林业和草原局)分别于2005年、2011年、2016年开展了全国石漠化土地面积清查。结果显示,我国石漠化土地主要分布在湖北、湖南、广东、广西、重庆、四川、贵州、云南8个省份的463个县5609个乡。截至2016年年底,我国石漠化土地面积为1007万hm^2,占岩溶面积的22.3%。与2011年相比,5年间石漠化土地净减少193.2万hm^2,岩溶地区石漠化发生率由26.5%下降到22.3%,石漠化敏感性也在逐步降低;岩溶地区水土流失面积减少8.2%,土壤侵蚀模数下降4.2%,土壤流失量减少12%。

三次石漠化状况调查结果显示,中国石漠化扩展的趋势得到有效遏制,岩溶地区石漠化土地呈现面积持续减少,危害不断减轻,林草植被保护和人工造林种草对石漠化逆转的贡献率达到65.5%,生态状况稳步好转的态势。具体见表 2-2。

表 2-2　中国石漠化土地面积变化　　　　单位：万 hm²

监测时间	潜在石漠化		石漠化				总计
	面积	占岩溶土地面积	轻度石漠化	中度石漠化	重度石漠化	极重度石漠化	
第一次（2005 年）	1234	27.40%	356.4	591.8	293.5	54.5	1269.2
第二次（2011 年）	1331.8	29.40%	431.5	518.9	217.7	32	1200.2
第三次（2016 年）	1466.9	32.40%	391.3	432.6	166.2	16.9	1007

数据来源：根据历次中国石漠化状况公报整理。

从省域分布来看。石漠化土地面积，贵州省最大，达 247 万 hm²，其后依次为云南、广西、湖南、湖北、重庆、四川和广东；潜在石漠化土地面积，贵州省最大，为 363.8 万 hm²，其后依次为广西、湖北、云南、湖南、重庆、四川和广东。具体见图 2-2。

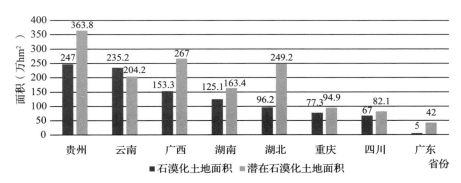

图 2-2　2016 年中国石漠化状况清查分省份情况

从流域分布来看。无论是石漠化土地，还是潜在石漠化土地，都集中分布于长江流域和珠江流域，长江流域石漠化土地面积为 599.3 万 hm²，珠江流域石漠化土地面积为 343.8 万 hm²，两个流域石漠化土地面积占总面积达 93.7%。长江流域潜在石漠化土地面积为 931.1 万 hm²，珠江流域潜在石漠化土地面积为 474.7 万 hm²，两个流域潜在石漠化土地面积占总面积达 95.8%。具体见图 2-3、图 2-4。

图 2-3 按流域分中国石漠化土地面积分布变化

图 2-4 按流域分中国潜在石漠化土地面积分布变化

二、石漠化片区划分

为进一步加快贫困地区发展，2011 年年底，中共中央、国务院发布了《中国农村扶贫开发纲要（2011—2020 年）》，提出加快解决集中连片特殊困难地区的贫困问题。"纲要"根据上一阶段扶贫工作经验，将扶贫新战略的主战场部署在全国扶贫对象最多、贫困发生率最高、扶贫工作难度最大的 14 个片区，包括西藏、四省（青海、四川、云南、甘肃）藏区、新疆南疆三地州 3 个此前已被明确实施特殊政策的地区，以及六盘山区、秦巴山区、武陵山区、乌蒙山区、滇桂黔石漠化区、滇西边境山区、大兴安岭南麓山区、燕山—太行山区、吕梁山区、大别山区、罗霄山区 11 个新"连片特困地区"，通过集中实施一批教育、卫生、文化、就业、社会保障等民生工程，大力改善生产生活条件，培育壮大一批特色优势产业，加快区域性重要基础社会建设步伐，加强生态建设和环境保护，着力解决制约连片特困地区发展的瓶颈问题，从根本上改变这些地区贫穷落后面貌。

滇桂黔石漠化片区国土总面积为 22.8 万 km^2，涉及云南、广西、贵州 3 省份 15 个地（市、州）、91 个县（市、区），是全国 14 个片区中扶贫对象最多、少数民族人口最多、所辖县数最多、民族自治县最多的片区。具体见表 2-3。

表 2-3　滇桂黔石漠化片区规划区域范围

省份	市（州）	县（市、区）
广西	南宁市	隆安县、马山县、上林县
	柳州市	融安县、融水苗族自治县、三江侗族自治县
	桂林市	龙胜各族自治县、资源县
	百色市	田阳县、德保县、靖西县、那坡县、凌云县、乐业县、田林县、西林县、隆林各族自治县、右江区、田东县、平果县
	河池市	凤山县、东兰县、罗城仫佬族自治县、环江毛南族自治县、巴马瑶族自治县、都安瑶族自治县、大化瑶族自治县、金城江区、南丹县、天峨县
	来宾市	忻城县
	崇左市	宁明县、龙州县、大新县、天等县
贵州	安顺市	西秀区、平坝县、普定县、镇宁布依族苗族自治县、关岭布依族苗族自治县、紫云苗族布依族自治县
	六盘水市	六枝特区、水城县、钟山区
贵州	黔西南布依族苗族自治州	兴仁县、普安县、晴隆县、贞丰县、望谟县、册亨县、安龙县、兴义市
	黔东南苗族侗族自治州	黄平县、施秉县、三穗县、镇远县、岑巩县、天柱县、锦屏县、剑河县、台江县、黎平县、榕江县、从江县、雷山县、麻江县、丹寨县、凯里市
	黔南布依族苗族自治州	荔波县、贵定县、独山县、平塘县、罗甸县、长顺县、龙里县、惠水县、三都水族自治县、瓮安县，都匀市
云南	曲靖市	师宗县、罗平县
	红河哈尼族彝族自治州	屏边苗族自治县、泸西县
	文山壮族苗族自治州	砚山县、西畴县、麻栗坡县、马关县、丘北县、广南县、富宁县、文山市

第六节　石漠化片区特征

一、区位特殊

滇桂黔石漠化片区大部地处云贵高原东南部及其与广西盆地过渡地带，南与越南接壤，属典型的高原山地构造地形，碳酸盐类岩石分布广，石漠化面积大，是世界上喀斯特地貌发育最典型的地区之一。森林覆盖率47.7%，是珠江、长江流域重要生态功能区。由于陡峭山地基岩裸露度大，土壤瘠薄，植被生长、恢复缓慢，石漠化片区的石漠化土地主要分布在陡坡、急坡、险坡等陡峭山地，其所占比重达到80%以上。

滇桂黔石漠化片区集革命老区、边境地区、少数民族聚居区、大石山区、库区于一体，既是矿产、水能、旅游、农林产品、民族文化等资源富集地区，又是贫困人口多、贫困程度深、扶贫攻坚难度大的地区。滇桂黔石漠化片区涉及83个民族自治地方县(市、区)、34个老区县(市、区)和8个边境县，是全国14个片区中扶贫对象最多、少数民族人口最多、所辖县数最多、民族自治县最多的片区。另一方面，片区民族文化底蕴深厚，民俗风情浓郁，民间工艺丰富，侗族大歌和壮锦、苗族古歌、布依族八音坐唱等非物质文化遗产色彩斑斓。

二、贫困面广程度深

石漠化分布区域经济发展比较落后，石漠化土地面积比重大的县(区)其人均GDP、农民人均纯收入相对越少，91个县(市、区)中67个为当时的国家扶贫开发工作重点县。石漠化土地多分布于边远山区，交通不便，土地资源匮乏，文化教育非常落后，信息闭塞，缺乏科学生产经营的文化基础和思想观念，从而导致经济发展相对滞后。部分贫困群众住房困难，杈杈房、茅草房比例高，人畜混居现象突出。

同时，石漠化片区资源就地转化程度低、精深加工能力弱，能源、矿产、生物资源、旅游等资源优势没有转化为产业优势。缺少带动力强的大企业、大基地和产业集群，产业链条不完整，市场体系不完善，配套设施落后，尚未形成有效带动经济发展和扶贫开发的支柱产业。

三、岩溶石漠化现象严重

滇桂黔石漠化片区绝大部分属于严重石漠化区域，"九分石头一分土，寸土如金水如油"是这一地区典型写照。石漠化片区土壤贫瘠，植被覆盖层薄，水源匮乏，资源环境承载力低，生态条件脆弱，干旱洪涝等灾害频发，加上交通闭塞，使这一片区村民生产生活环境十分恶劣。尽管滇桂黔石漠化片区石漠化土地面积总体上呈现逐步减少的趋势，但潜在石漠化土地面积却呈现较快上涨势头，给石漠化土地综合防治带来严重挑战。以云南为例，云南石漠化土地面积占国土面积的比重已由建国初期的7%上升至现在的30%，石漠化导致的水土流失面积达14万km^2，占全省面积达37%。据中国工程院专家分析认为，西南地区石漠化土地如不及时治理，按照现在的推进速度，其规模将在25年内翻一番。土地石漠化的扩展进一步加剧了喀斯特地区的生态系统脆弱性，降低了其生态系统容量。

石漠化片区村民都是居住在群山环抱的洼地之中，干旱缺水、岩溶石漠化、水土流失严重。近年来，水土流失呈现不断发展的趋势。喀斯特地区土壤厚度仅为20cm左右，水土流失严重的坡耕地每年流失土壤厚度1cm左右，因水土流失造成大量耕地弃耕或被迫改种。由于投入严重不足，治理进展十分缓慢，目前存在水土流失的区域已经逐步或潜在成为石漠化土地。

石漠化与人均耕地面积存在反向关系，石漠化土地面积比重大的县（区）其土地资源相对越少。例如，广西壮族自治区石漠化土地面积大于5000hm²且占岩溶土地面积比例大于40%的县（市、区）有7个，人均耕地面积为0.66亩，其中，水田仅有0.30亩；石漠化土地面积大于5000hm²且占岩溶土地面积比例在20%~40%之间的县（市、区）有18个，人均耕地面积为0.88亩，其中水田仅有0.46亩；石漠化土地面积大于 5000hm² 且占岩溶土地面积比例小于 20% 的县(市、区)有 20 个，人均耕地面为 1.12 亩，其中水田 0.53 亩。

石漠化片区虽然雨热条件好，但由于石漠化土地基岩裸露度高，渗漏严重，植被综合盖度低，土壤覆盖率低，土层浅薄，肥力极差，林草植被恢复难度极大。

四、水资源条件结构不合理

(一)水资源时空分布不均，开发利用难度大

石漠化片区尽管降水丰沛，水资源丰富，但时空分布不均，山高谷深，地势陡峻，使得"来水存不住，有水用不上"。水资源开发利用难度大，工程性缺水问题十分突出，骨干水利工程及其配套设施明显不足，储水蓄水能力低，再加上人口、耕地分散，一些工程灌溉设施及电灌站老化失修严重，增加了水利工程建设和水资源开发利用的难度。

(二)防洪抗旱能力不足

石漠化片区内各县的防洪抗旱体系不健全，抗灾减灾能力严重不足。

一方面，防洪保障能力低。喀斯特地区年降水量十分丰富，但因缺乏植被来调节缓冲地表径流，导致一遇到大雨，地表径流极易在人口较为集中的低洼处汇集，形成洪涝。然而，石漠化片区大部分大中型水闸存在安全隐患，重点小病险水库缺乏除险加固。县及县以下的防汛抗旱指挥系统尚未有效建立，防汛抗旱应急反应能力弱，大多数县防汛应急抢险物料储备不足，防洪工程措施不能满足防汛现代化的要求。贫困地区特别是贫困村的生产生活条件比较差，整体抗灾能力非常弱，一旦发生自然灾害，贫困村往往成为重灾区，大量人口因此而返贫。据统计，贫困地区遭受严重自然灾害的概率往往是其他地区的 5 倍。

另一方面，抗御干旱能力弱。由于喀斯特地区岩溶漏斗、裂隙及地下河网发育，地表径流易较快地汇入地下河系而流走，造成石漠化大面积的地表干旱。石漠化片区现有农田水利工程大多建成于 20 世纪六七

十年代，经过数十年的运行，不少水利工程因维修经费不落实，管理不善，老化失修，渠系及配套设施老化损毁严重，灌溉保证率水平持续下降。抵御干旱能力弱，直接影响了农民增产增收，制约了贫困区农业乃至经济社会的可持续发展。

(三) 饮水安全存在严重隐患

石漠化地区由于地表水土流失，植被很难生长，地表土壤植被系统的储水功能大幅下降，可用水资源比较匮乏。石漠化片区内农村人口较多且居住分散，加之受山高坡陡、地表岩溶发育、降水时空分布不均等因素影响，解决农村人口饮水安全问题面临繁重任务，人饮工程造价高，实施难度越来越大。受资金限制，工程建设标准低，仍存在供水水质差、供水保证率低等问题，片区内严重缺水问题尤为突出。

第三章
我国石漠化片区林业发展

第一节 石漠化片区林业发展现状

一、林业建设对石漠化综合治理的重要意义

石漠化的核心问题是生态问题。实施石漠化综合治理，是党中央、国务院针对我国生态环境状况及基本国情，站在国家和民族永续发展的高度，着眼于经济与社会可持续发展全局而做出的重大决策。加快石漠化地区的生态保护修复，是防治长江、珠江水患的治本之策，是实施西部大开发战略的重要组成部分和核心建设内容，关系到中华民族的永续发展和我国现代化建设的战略全局。

（一）实施林业建设，加快石漠化综合治理，是改善和恢复岩溶生态环境，确保区域国土生态安全的迫切需要

石漠化地区人口众多，土地资源贫乏，压力大，难度大。新时期，我国林业生态治理总体上处于较快增长的速度，而石漠化地区生态建设仍是破坏大于治理，由于森林遭受破坏，生态系统的稳定性和系统内部因子间的协调性失衡，导致土地的石漠化。土地石漠化不断扩展，造成大面积的可利用土地资源退化，耕地综合生产能力降低，严重危及中华民族生存空间。据统计，近年来，由于石漠化危害，岩溶地区有近百万

人成为生态难民。因此，加快林草植被建设，改善岩溶生态环境，构建稳定的岩溶生态系统，尽快遏制石漠化扩展趋势，是改善生态状况，维护岩溶区域国土生态安全的迫切要求。

（二）实施林业建设，加快石漠化综合治理，是根治长江、珠江水患刻不容缓的紧迫任务

岩溶地区是长江和珠江两大水系的源头和中、上游地区，生态区位极其重要。目前，由于两大流域上中游地区毁林毁草开荒，陡坡种粮，林草植被破坏严重，水土流失加剧，每年因上游水土流失而进入长江、珠江的泥沙量达亿吨，导致江河湖库不断淤积抬高，致使长江、珠江水患频繁，每年不得不花费大量人力、物力和财力投入防汛、抗旱及救灾济民，给国民经济和人民生产生活带来了严重影响。日趋恶化的生态环境对中华民族的生存和发展构成严重威胁，亟须加快治理，耽误一天，损失就会加重一分。采取坚决果断措施，切实保护森林及恢复林草植被，从根本上扭转两大流域生态环境日益恶化的状况，已成为一项刻不容缓的任务。

（三）实施林业建设，加快石漠化综合治理，是推进脱贫致富、促进民族团结、巩固边疆稳定、建设现代化国家的有力保障

岩溶地区大都是老少边山穷的地区，又是少数民族聚居区，同时，在这一地区，有着广阔的山地资源和丰富的动植物等资源。通过对现有植被的保护与恢复，加大植被建设力度，不仅能有效保持水土、涵养水源，从根本上改善生存环境，而且也会增强这一区域抗旱、抗涝能力，提高现有土地的生产力，有利于促进这一地区经济与社会发展。同时，在林业建设的过程中，可以充分利用优势资源，积极培育和发展特色林果业及其他产业，有利于农业生产要素的优化配置，增加群众收入，无疑对促进岩溶地区的农村经济结构调整、农民增收和脱贫致富起着直接的作用。岩溶地区经济发展了，对于缩小东西部地区发展差距，促进共同繁荣富裕，增进民族团结，保障边疆稳定，推动社会进步，具有重要意义。

（四）实施林业建设，加快石漠化综合治理，是稳步推进西部大开发战略和巩固成果的迫切需要

生态建设是西部大开发战略的根本切入点，石漠化重点分布的广西、贵州、云南、四川、重庆等西部省份，是西部大开发战略的主战场。如果石漠化问题不能取得突破，西部地区的生态状况也难以得到根本性的改善。这将直接影响到西部地区经济发展、农民脱贫致富，影响到西部地区招商引资、人才吸引和西部大开发成果的巩固，甚至会使西部大开发战略目标难以实现。因此，加快林草植被恢复，防治石漠化，是实施西部大开发战略的迫切要求。

二、林业在石漠化治理中的作用和措施

石漠化形成主要是由于林草植被遭到破坏，岩溶生态功能退化，土壤流失所致。因此，石漠化治理必须以林业建设为中心，恢复岩溶林草植被构建稳定的岩溶生态系统。同时，合理发展经果林、生态旅游等生态经济产业，培育新的经济增长点，实现区域的可持续发展。综合治理石漠化的首要任务就是提高森林的生态效能，而修复生态系统的关键就是林业建设。综合治理石漠化是党中央和国务院结合我国基本国情和生态环境现状，兼顾国家、民族以及社会的可持续发展而作出的重要决策。综合治理石漠化的过程中，其中的林业建设是区域实施生态环境建设的重要内容，并在区域生态环境建设方面处于核心地位，能有效增加林草植被盖度、净化空气、保持水土、增加土壤肥力、改善土壤结构，加快了区域社会的经济发展，促进区域产业的结构调整，直接关系到我国现代化建设的全局。林业建设的主要措施有植被管护、封山育林育草、人工造林、低效林改造和生态旅游业等。

（一）植被管护

植被是石漠化地区生态环境最主要的成分，它的退化是形成石漠化的主要因素。植被管护是依法对现有岩溶森林植被实行保护的有效途径，对岩溶地区潜在石漠化土地中的林分状况好、生态质量高的有林

地、疏林地、灌木林地、灌丛地，以及石漠化土地中的未成林造林地等实施植被管护，坚决杜绝破坏行为，预防森林火灾和防治森林病虫害，防止发生新的石漠化。植被管护的内容主要包括设立宣传碑牌、制定管护措施和落实管护技改和人员。

(二) 封山育林育草

封山育林育草是利用岩溶生态系统的自然修复力辅以人工措施，促进林草植被恢复，提高生物多样性，改善岩溶地区生态环境的一种重要营林方式，具有用工少、投资小、见效快、效益高的特点，封山育林育草的内容主要包括落实封育范围，设立封育标志，建立封育管护机构和落实管护人员，合理确定全封、半封、轮封等封育方式，制定并实施以封为主、封育结合的封育措施。促进乔灌植被的恢复，清除抑制幼树生长发育的杂草、灌木，对疏林进行补植补造，对密林进行抚育间伐，提高林草植被的自我修复能力。

(三) 人工造林

根据不同的生态区位条件，结合地貌、土壤、气候和技术条件，遵循自然规律，因地制宜，适地适树，重点在轻、中度石漠化土地上营造生态林、生态经济林，严重陡坡耕地以及石旮旯地。按土地利用规划，有计划地实施退耕还林还草，恢复林草植被，推进区域产业结构调整。

(四) 低效林改造

针对立地条件良好、坡度较为平缓的潜在石漠化和轻度石漠化土地上生态防护效能差、林分生长缓慢、经济价值较低的低质低效林，在确保不会造成新的石漠化前提下，遵循自然规律，通过合理的疏伐、抚育、补植、改造与管护等措施，提高林分质量，定向培育成用材林、防护林或经济林，实现生态效益与经济效益相统一。低效林改造严禁实施皆伐后重新造林。一次性改造面积不得超过50%，同时落实水土保持与环境保护措施，树种选择必须遵循适地适树原则，尽量以乡土树种或引种成功的树种为主，加强后期肥水管理，实施定向培育。低效林改造应主要依托国家及各省份实施的低效林改造项目。

(五)生态旅游业

充分发挥岩溶地貌景观与生物景观资源优势,结合区域民俗文化与人文资源,发展生态旅游产业,改善区域生态环境,降低群众对土地的直接依赖性,调整农村产业结构,国家在政策、资金等方面给予适当扶持,重点发展以岩溶景观资源为基础的森林公园、自然保护区、湿地公园、生态旅游小区等为主体的生态旅游,包括以广西桂林为中心的岩溶山水旅游区,以云南石林为中心的岩溶地貌景观旅游区,以贵州黄果树瀑布和天星桥为中心的岩溶高原旅游区,以重庆武隆和湖南天门山为中心的岩溶地质旅游区,以贵州茂兰、广西弄岗为中心的岩溶科考旅游区等,主要从政策方面进行扶持与引导。生态旅游业发展主要通过招商引资,生态旅游过程中应以生态优先为原则,杜绝大面积破坏林草植被进行基础设施建设。

三、石漠化片区林业发展现状

(一)林业资源现状

近年来,林业生态建设不断加强。据统计,片区累计完成人工造林 1100 多万亩,封山育林 6700 万亩,森林抚育 3500 万亩,森林管护面积 8300 万亩,治理荒漠化面积 3300 万亩,完成新一轮退耕还林 75 万亩。新建了一批自然保护区和国家级湿地公园。片区森林覆盖率平均提高近 4 个百分点,生态承载力明显增强,区域发展的生态基础有效改善。石漠化片区滇黔桂 3 省份的林业资源现状如下。

1. 广西

广西壮族自治区位于我国西南边陲,属亚热带季风湿润气候区,热量丰富、雨热同季、降水丰沛、干湿分明、日照适中、冬少夏多。地势西北高,东南低,四周山地环绕,呈盆地状。森林资源较为丰富,主要分布在九万大山、大瑶山、海洋山、西大明山、猫儿山、富川西岭、大明山、花坪林区、姑婆山等地。森林植被类型主要有南亚热带沟谷雨林、季雨林、中亚热带常绿阔叶林等。根据第九次森林资源清查结果,广西壮族自治区林地面积1629.50万hm^2，森林面积1429.65万hm^2，森林覆盖率60.17%，森林蓄积量67752.45万m^3。有林地面积中，乔木林1050.10万hm^2，经济林166.67万hm^2，竹林36.02万hm^2。

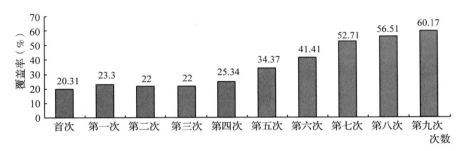

图3-1 广西壮族自治区历次清查森林覆盖率

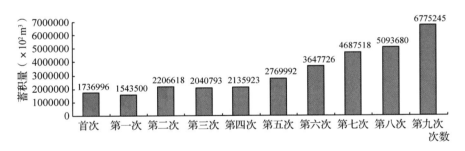

图3-2 广西壮族自治区历次清查森林蓄积量

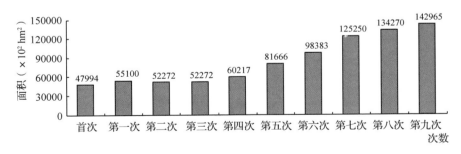

图3-3 广西壮族自治区历次清查森林面积

第九次森林资源清查结果表明，两次清查间隔期5年内，广西壮族自治区森林面积净增86.95万 hm^2，森林覆盖率提高3.66个百分点，森林蓄积量净增16815.65万 m^3。

2. 贵州

贵州省位于我国西南云贵高原东部，属亚热带湿润季风气候，冬无严寒，夏无酷暑，水热同季，雨量充沛。地势西高东低，自中部向北、东、南三面倾斜。森林资源主要分布在东部和东北部地区，西部和西北部以及中心地区相对较少。森林植被类型主要有中亚热带常绿阔叶林、常绿落叶阔叶混交林和暖性针叶林等。根据本次清查结果，贵州省林地面积927.96万 hm^2，森林面积771.03万 hm^2，森林覆盖率43.77%，森林蓄积量39182.90万 m^3。有林地面积中，乔木林585.44万 hm^2，经济林53.15万 hm^2，竹林16.01万 hm^2。

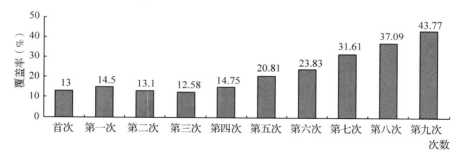

图3-4 贵州省历次清查森林覆盖率

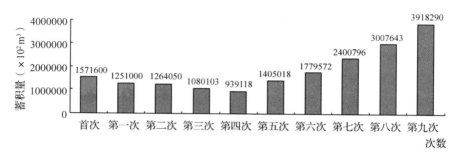

图3-5 贵州省历次清查森林蓄积量

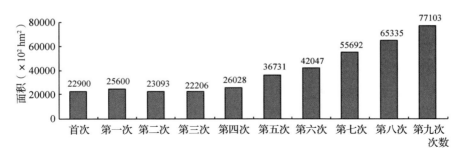

图 3-6　贵州省历次清查森林面积

第九次森林资源清查结果表明，两次清查间隔期 5 年内，贵州省森林面积净增 117.68 万 hm^2，森林覆盖率提高 6.68 个百分点，森林蓄积量净增 9106.47 万 m^3。

3. 云南

云南省地处我国西南边陲，属高原季风气候，大部分地区冬暖夏凉，四季如春。地势自西北向东南倾斜，呈明显阶梯状下降。森林资源丰富，植物种类繁多，素有"植物王国"之称。森林类型主要有寒温性针叶林、暖性针叶林以及热性阔叶林。根据本次清查结果，云南省林地面积 927.96 万 hm^2，森林面积 771.03 万 hm^2，森林覆盖率 43.77%，森林蓄积量 39182.90 万 m^3。有林地面积中，乔木林 585.44 万 hm^2，经济林 53.15 万 hm^2，竹林 16.01 万 hm^2。

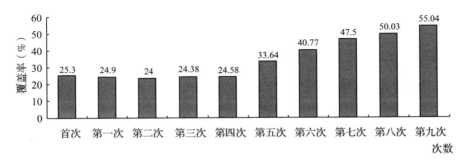

图 3-7　云南省历次清查森林资源覆盖率

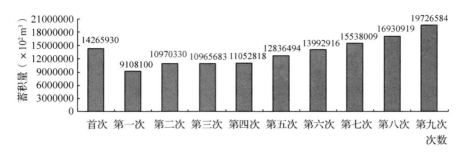

图 3-8　云南省历次清查森林蓄积量

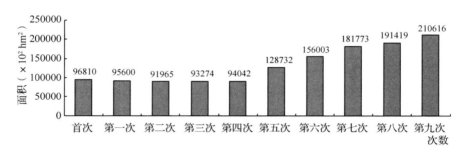

图 3-9　云南省历次清查森林面积

第九次森林资源清查结果表明，两次清查间隔期 5 年内，云南省森林面积净增 191.97 万 hm^2，森林覆盖率提高 5.01 个百分点，森林蓄积净增 27956.65 万 m^3。

(二) 林下经济产业发展现状

林下经济是以林地资源为基础，充分利用林下特有的环境条件，选择适合林下种植和养殖的植物、动物和微生物物种，构建和谐稳定的复合林农业系统，或开展其他活动，进行科学合理的经营管理，以取得经济效益为主要目的而发展林业生产的一种新型经济模式。林下经济的发展受到党中央、全国人大、国务院的高度重视，为巩固和发展林权制度改革成果，转变林业经济发展方式，拓宽农村发展空间，促进农民持续增收，国务院办公厅 2012 年下发了《关于加快林下经济发展的意见》。之后石漠化地区纷纷出台扶持政策措施，对林下经济发展进行全面部署,安排专项资金促进当地林下经济的发展。2020 年,国家发展改革委、国家林业和草原局等 10 部委联合发布了《关于科学利用林地资源促进木本粮油和林下经济高质量发展的意见》,为新时期林下经济产业发展提供了根本遵循。近几年来各石漠化地区林下经济发展迅速,成效显著。

1. 广西

广西是"八山一水一分田"的山区省份,石漠化分布广、程度深,仅次于贵州和云南。广西石漠化分布于 76 个县区,岩溶土地占土地总面积的 35.2%,其中,28.6%的面积为石漠化,22.4%的面积为潜在石漠化。

一直以来全区林业系统牢固树立和大力宣传"石山也是宝"的理念,通过石漠化综合治理,发展林业产业,推进生态扶贫。广西政府也高度重视林下经济对农民增收的作用,2010 年,自治区政府出台了《关于大力推进林下经济发展的意见》,2011 年,自治区还专门编制了《广西林下经济"十二五"发展规划》积极推动石漠化地区林下经济发展。随着林下经济产业规模不断扩大,已逐步成为促进农民增收和林业产业强区建设的有效途径。据统计,2019 年广西林下经济总面积达到 6423 万亩,占全区林地总面积的 1/4 以上,开始超过全区耕地总面积;林下经济总产值 1144 亿元,亩均产值约 1781 元。除林下种植、林下养殖两大集群外,藤编、芒编、竹编等林间产品采集加工,林业部门利用自身优势资源发展森林旅游康养等,共同组成广西林下经济的 4 大集群,形成在全国独树一帜、名列前茅的广西林下经济。这 4 大集群,新创造出比普通用材林还高出一两倍的财富,使广西第一产业悄然崛起一个新的千亿元产业。

2. 贵州

贵州境内山地和丘陵占 92.5%,喀斯特岩溶地貌分布广、发育强烈,岩溶出露面积 10.9 万 km^2,占国土面积的 61.9%。石漠化面积 3.3 万 km^2,占国土面积的 18.7%,是全国石漠化面积最大、类型最齐、危害最深的省份。为改善石漠化危害的局面,2012 年贵州省首先确定凤冈、大方、赫章、麻江、锦屏和黎平等6个石漠化重点县为全省林下经济试点县。取得初步成效后，2013年6月出台《关于加快林下经济发展的实施意见》，大力推进林下经济产业发展。目前，各地主要采取"龙头企业+专业合作社+基地+农户"等多种运作模式，着力发展中药材、花卉苗木、林菌、林畜、林禽、林下产品加工、森林旅游、休闲旅游、生态疗养等特色产业，开发具有地方特色的林下经济产品。随着国家至地方一系列扶持林下经济的利好政策出台，林下经济发展迅速。2019年，全省林下经济面积达到2048.84万亩，产值达到220亿元，全省参与经营林下经济的企业、专业合作社等经济实体达1.4万余个，林下经济项目覆盖贫困人口48.9万人，带动人均增收近千元。

3. 云南

云南是全国岩溶分布最广、石漠化危害程度最深、治理难度最大的省份之一，岩溶面积在全国居第二位，岩溶面积达1109万hm^2，占全省土地面积的28%。全省16个州市均有岩溶分布，在129个县(市、区)中，118个县(市、区)分布有岩溶，占92%。但由于云南的森林资源丰富，具有发展林下经济的独特优势。云南省委、省政府高度重视林下经济发展，省政府于2013年1与日召开全省林下经济发展工作会议，把林下经济发展工作列为2013年重点工作，并把出台加快林下经济发展的政策意见作为一项重要工作来抓。2014年，云南省政府出台了《关于加快林下经济发展的意见》，从财政扶持、项目资金、金融、税费、林地流转等方面为林下经济产业发展提供政策扶持。

林下经济成为建设森林云南、美丽云南的重要推进器，成为云南建设生态林业、民生林业的重要载体。近年来，以林下养殖、林下种植、林产品采集加工、森林生态旅游等为重点，涉及林药、林菌、林花、林果、林菜、林草、林禽、林畜、林蜂、林景等领域的林下经济发展格局初步形成。2020年12月，云南省制定出台了促进林下经济高质量发展多项措施，进一步加快林下经济发展，促进乡村振兴，打通"两山"转化通道，使林下经济经营面积稳定在6500万亩左右，实现林下经济千亿元产业发展。

第二节　石漠化片区林业发展面临的问题

一、治理投入不足

石漠化区域的经济发展落后，其生态建设的资金投入主要依靠中央财政，相比石漠化严峻的形势，其资金投入可以说严重不足，治理力度也十分有限，使石漠化的扩展速度远远大于有效的治理速度。现在的石漠化土地变成了造林困难地。然而，由于现有的单位造林补助得不到保障，致使治理的成效很难得到保障。每 20 万元治理 $1km^2$ 的岩溶面积投入过少，加上地方财困民穷，石漠化治理捉襟见肘。

二、生态恢复难度大

治理石漠化土地的难度很大，因为这些土地的土层较浅，并且土被间断，基岩裸露严重。同时此类土地的坡度很大，再加之人们对石漠化治理的认识不够，没有了解到治理的紧迫性和重要性，缺少恢复石漠化地区脆弱生态有利的具体措施和扶持政策，石漠化治理的科技推广体系不健全，科技含量整体较低。参与石漠化治理的社会组织少且工作的积极性不高。

三、治理任务艰巨

通常，石漠化土地的土被不连续、基岩裸露度高、肥力低、土层薄，生态环境十分恶劣，这些都会使生态修复的任务十分艰巨。随着近年来我国石漠化治理步伐的加快，轻度和中度石漠化区域的治理成效显著，剩下的重度石漠化地区的治理任务将更加艰巨。那些潜在的石漠化土地也应当引起足够的重视，否则就造成边治理边破坏。

四、承载量超限

石漠化地区人口密度大，耕地总量和人均占有量少，还存在缺柴少粮的现象。过去当地群众靠不断开荒以耕地总量换取粮食增量，维持日常生活，生存与生态的矛盾突出。生活能源供给方式与生态保护之间的矛盾也没有完全消除，石漠化地区建设沼气池条件差、难度大，入户率较低，使用率不高，部分农户仍然砍伐薪柴，最终出现毁林开荒等现象，使治理的成效难以保证。

第三节　石漠化片区林业发展重点和潜力

一、生态保护

坚持封山育林，不断推进退耕还林工程。岩石裸露率在70%以上的石山地区，土壤很少、土层极薄、地表水极度匮乏，立地条件极差，基本不具备人工造林的条件，应采取全面封禁的技术措施，减少人为活动和牲畜破坏，利用周围地区的天然下种能力，先培育草类，进而培育灌木，通过较长时间的封育，最终发展成乔、灌、草相结合的植被群落。

以生态经济型林（果、药）草为主的石漠化地区植被恢复是石漠化治理的关键环节，植被覆盖率的高低直观地反映了石漠化治理的成效。石漠化地区的植被恢复既可以通过封山育林自然恢复，也可以通过人工种草植树进行。考虑到目前石漠化片区人口压力大的实际情况，除立地条件极差的个别石漠化地区外，大部分石漠化地区应以人工恢复为主，通过实行劳动积累制度，重点发展生态经济型林（果、药）草业。因此，可以大幅度提高所在区域的植被覆盖率，防止石漠化扩大，改善、恢复和重建石漠化地区良性生态系统；同时又可增加石漠化地区农民收入，调动农民治理石漠化的积极性。坚持保护优先、绿色发展，促进石漠化片区扶贫开发与生态环境保护协调发展，构建珠江、湘江流域重要生态屏障区。

二、林下经济

林下经济，主要是指以林地资源和森林生态环境为依托，发展起来的林下种植业、养殖业、采集业和森林旅游业，既包括林下产业，也包括林中产业和林上产业。林下经济有两层内涵，一是要坚持对林地资源环境进行保护，作为开发林下经济的前提；二是要获得可持续循环发展的经济效益，即以科技为支撑，充分利用和挖掘林地生产潜力，进行科学种植、养殖和深度开发，这是开发林下经济的目的。林下经济投入少、见效快、易操作、潜力大。发展林下经济，对缩短林业经济周期，增加林业附加值，促进林业可持续发展，开辟农民增收渠道，发展循环经济，巩固生态建设成果，都具有重要意义。

要充分利用片区森林资源，推动林下资源合理利用。发展林下经济基地，推进千万林农千元增收，通过林果、林草、林菌、林药、林禽、林畜、林菜、林蜂模式，构造企业带大户、大户带小户、千家万户共同参与的发展格局，探索"不砍树也致富"的路子。

三、碳汇林业

碳汇林业是指利用森林的储碳功能，通过植树造林、加强森林经营管理、减少毁林、保护和恢复森林植被等活动，吸收和固定大气中的二氧化碳，并按照相关规则与碳汇交易相结合的过程、活动或机制。

为了实现《京都议定书》下的减排目标，发达国家可通过在本国实施造林、再造林和森林管理等活动获得碳汇或者通过清洁发展机制（CDM）在发展中国家实施符合特定条件的造林再造林项目产生的碳汇来帮助其完成减排任务。因此，森林碳汇及由其兴起的碳汇林业作为应对气候变化的重要手段之一而受到国际社会的高度关注。发展碳汇林业是增加我国应对气候变化的有效手段之一，使之成为国家在"后京都议定"时代进行气候外交的重要支撑。为此，在清洁发展机制下积极实施林业碳汇项目活动,将促进森林生态服务功能的市场化,进一步改进和完善生态效益补偿政策,建立长期有效的生态效益补偿机制,服务石漠化片区生态环境状况的改善,促进石漠化治理及其生态恢复,为社区、农民带来收入,提供新的增长点。

石漠化区域成因复杂,治理效果总体不尽如人意。形成以上局面的关键是财政资金捉襟见肘,造成治理资金投入不足。因此,引入 CDM 机制,利用发达国家用于减排温室气体的资金,在喀斯特地区通过林业碳汇项目治理石漠化问题,至少是石漠化治理工作中的次优方案。CDM 林业碳汇项目能有效地吸收、固定大气中温室气体,不仅能帮助发达国家实现温室气体减排承诺,而且可以改善贵州石漠化地区的生态环境,形成双赢局面。

通过清洁发展机制林业碳汇项目进行有效融资,有助于石漠化治理在环境、经济、社会以及可持续发展方面取得均衡效果和动态平衡。同时,清洁发展机制林业碳汇项目还能在气候变化、经济发展和地方性环境问题的解决上取得可能的突破性进展:首先,清洁发展机制林业碳汇项目的引入,可提高地表的植被覆盖率,防止水土流失,改善当地的生态环境。其次,石漠化片区经济落后,居民的文化水平低下,是国家重点扶贫区域。清洁发展机制林业碳汇项目引入后,建成的育林区可开发为森林公园等旅游景点,改变当地居民的经济生活。第三,清洁发展机制林业碳汇项目的开展,可以通过植物的固碳作用,吸收大量空气中的温室气体,对实现人类社会的可持续发展有着积极意义。

第四章 林业与石漠化片区扶贫开发

第一节 林业在石漠化片区扶贫开发中的重要作用

我国的扶贫机制包括：政府主导、部门协作、社会帮扶及自我造血相结合，林业扶贫是部门扶贫的重要组成部分。

一、林业在建设生态文明中发挥基础作用

滇桂黔石漠化片区属于典型的喀斯特地貌，是全国石漠化问题最严重的地区，土壤贫瘠，资源环境承载力低，人均耕地面积不足1亩。长期以来，由于山多地少、毁林种地造成水土流失等原因，生态环境逐步恶化，造成自然灾害频发。在这些生态脆弱地区，建设生态文明，再现绿水青山，改变贫困面貌，必须加快资源恢复和保护，努力提高生态承载力。

二、林业在促进农民脱贫致富中发挥关键作用

滇桂黔石漠化片区生物资源丰富，是生物资源的基因库，自然景观独特，旅游开发潜力巨大。林业产业涵盖范围广、产业链条长、产品种类多，能吸纳大量的劳动力就业，更好地促进农民增收。加快片区林业特色产业发展，增加农民致富门路，是富裕一家一户贫困人口、改善地方经济的最有效途径之一。

三、林业在精准扶贫中发挥独特作用

滇桂黔石漠化片区多为高山、远山，基础设施落后，农民劳动技能缺乏。发展林业实现脱贫，门槛低、覆盖面广、收益期长，既可以整村推进，也可以独户发展，同时林业基层技术服务机构遍布乡镇，能为林业生产提供人才、技术保障。大力推进林业扶贫，是实现精准扶贫的最有效途径。

四、林业在促进社会和谐中发挥重要作用

滇桂黔石漠化片区具有壮、苗、布依、瑶、侗等 14 个世居少数民族，是少数民族人口最多的片区，集民族地区和边境地区于一体，生态问题、民生问题严重影响当地区域经济社会发展。打好扶贫攻坚战，解决贫困问题，缩小区域发展差距，事关全面建成小康社会顺利实现，也是实现民族团结和社会和谐大局的根本所在。

第二节　石漠化片区林业扶贫优势

一、林业资源优势明显

滇桂黔石漠化贵州片区拥有丰富多样的旅游资源、森林资源和生物资源，该区域风光神奇秀丽，人文景观绚丽多彩，民族风情浓郁迷人，民族文化底蕴浓郁。有着享誉中外的黄果树大瀑布，有名满天下的荔波世界自然遗产及樟江风景名胜区，还有以凯里、台江、雷山为代表的苗族风情；区域内野生植物 6000 余种，其中药用植物 2000 多种，具有重要开发价值的有天麻、杜仲、三七、艾纳香、龙胆草、金银花、刺梨等 100 种之多；该区域也是贵州省森林资源比较丰富的地区，拥有森林面积 423.3 万 hm^2，占全省森林面积的 59.1%，森林覆盖率 59.30%，比全省森林覆盖率高出 15 个百分点，贵州 10 个林业重点县，该片区就

有 9 个。良好的资源优势，为滇桂黔石漠化区贵州片区实施林业扶贫带来广阔的发展空间。

二、气候条件优越

滇桂黔石漠化区贵州片区冬无严寒、夏无酷暑、雨热同季、无霜期长、水热条件优越，良好的气候条件，使得该区域适合桉树、柚木、杉木、马尾松等用材树种和柑橘、油茶、油桐、麻疯树、杜仲等经济树种的生长，贵州省速生丰产用材林基地、短周期工业原料林基地、油料林基地等企业大部分位于该区域。良好的气候条件有利于该区域的生态建设和林业产业发展，为林业扶贫项目的实施奠定了良好的自然基础条件。

三、林业扶贫基础扎实

滇桂黔石漠化区贵州片区 5 个州(地级市)和 41 个县(区)均已建立州(市)、县级林政资源管理、森林防火和森林病虫害防治检疫机构，初步建立了森林"三防"体系，在依法行使森林资源监测管理、森林防火和病虫害防治检疫方面取得了突出的成绩。目前，规划区的森林保护工作正朝着规范化、法制化、现代化的目标迈进。该区域经营林业的时间久远，经验丰富，成果硕多。相继实施了"速生丰产用材林基地""世界银行贷款造林""长江防护林体系建设""珠江防护林体系建设""退耕还林工程"和"天然林资源保护工程"等工程，各级林业部门在工程实施过程中，积累了从种源选择、良种繁育、造林、森林培育等一系列造林育林经验；探索了以重点林业工程为依托，全面推进林业生态体系和产业体系建设的管理经验，特别是在工程的组织管理、计划管理、工程管理、资金管理、信息及技术管理等方面，积累了丰富的管理经验，为扶贫攻坚林业项目的实施提供了可借鉴的宝贵经验。

四、劳动力资源丰富

滇桂黔石漠化区贵州片区农村劳动力丰富，该区域群众长期以来都有造林护林的习惯，在生产实践中积累了较为丰富的营造林技术经验。近年来，当地各级政府把生态建设和林业产业建设放在极其重要的地位上，为林业产业快速发展做了大量卓有成效的工作，营造了良好的投资环境和政策环境。深受贫穷困扰，群众脱贫意愿强烈，造林积极性较高。该区域丰富的劳动力资源及良好的素质，为林业扶贫攻坚提供了丰富人力资源、奠定了良好的群众基础。

第三节 林业扶贫开发的发展历程

一、启动实施扶贫阶段

1986年以后，伴随着国家开展有计划、有组织和大规模的开发式扶贫活动，林业部作为首批10个中央国家机关定点扶贫单位之一，承担了黔贵九万大山地区6个地(市、州)19个县的定点扶贫任务，其中包括：广西的罗城、环江、融水、融安、三江、金秀、资源、龙胜等8个县，贵州的黄平、台江、剑河、丹寨、雷山、榕江、从江、黎平、三都、荔波、独山等11个县。通过加大支持力度，派出挂职干部，帮助地方脱贫致富。据统计，从2001年到2010年10年间，项目区19个对口帮扶县，GDP由115亿元增加到408亿元，年均增长15.10%；其中林业产值由10亿元增加到99亿元，年均增长29.49%；贫困人口由134.39万人降到69.37万人，减少65.02万人，贫困人口占总人口比例由27.08%下降到12.20%。森林覆盖率由59.00%增加到75.11%，增加16个百分点，年均增加1.6个百分点。

二、国家扶贫战略推进阶段

1994年，《国家"八七"扶贫攻坚计划》颁布实施，明确了林业部门支持贫困地区发展速生丰产用材林、名特优新经济林以及各种林副产品，协同有关部门，形成以林果种植为主的区域性支柱产业；加快植被建设、防沙治沙，降低森林消耗，改善生态环境。林业部编制了《黔贵九万大山地区林业"八七"扶贫攻坚计划》，开辟以预算内资金、贴息贷款为主的扶贫资金渠道。

三、巩固扶贫开发成果阶段

2001年，国家出台《中国农村扶贫开发纲要（2001—2010年）》，国家林业局按照"纲要"的要求，积极开展林业扶贫工作。林业围绕着"以经济开发为主，为贫困地区办实事"的扶贫开发方针，不断加大定点县的相关政策和资金的扶持力度。先后实施了与当地群众脱贫致富密切相关的天然林保护、退耕还林、珠江防护林、石漠化治理、速丰林基地、自然保护区等林业重点工程建设，不断加强种苗、科技支撑、森林防火、病虫害防治、森林公安等林业基础设施建设，有效地促进了贫困地区生态环境改善；实施了以改善群众生产生活基本条件为重点的林区道路、给水、希望小学、林业培训等基础设施建设；同时，利用农业综合开发林业项目扶持经济林花卉和竹林基地建设，引导贫困地区尽快形成地方主导产业，调整地方产业结构，开拓贫困群众增收渠道。

四、新一轮扶贫攻坚阶段

2011年，国家启动了新一轮扶贫开发工作，国家林业局与水利部共同牵头滇桂黔石漠化片区区域发展与扶贫攻坚联系工作，国家林业局党组专门召开会议研究部署林业扶贫工作，并下发了《国家林业局关于贯彻落实中央扶贫开发工作会议精神深入开展林业扶贫攻坚有关问题的通知》，编制了全国及11个集中连片特殊困难地区林业扶贫攻坚规划。林业扶贫工作继续坚持以林业资源的自身优势为抓手，因地制宜，将生态效益和经济效益捆绑在一起，实现"以林养人"。

按照《中国农村扶贫开发纲要（2011—2020年）》提出的涉林目标，明确在贫困地区继续实施退耕还林、天然林资源保护、防护林建设、岩溶地区石漠化综合治理、沙化治理等生态建设工程，尽快提高贫困地区森林覆盖率，改善贫困地区生态状况和生产生活环境。同时，积极发展林业产业，扶持林下经济发展，调整森林资源结构，大力培育油茶、核桃、茶叶、优质果品、八角、中药材等特色经济林，以桉、杉、松、竹为主的用材林，培植以纸浆、人造板用材为主的工业原料林及其林下种养业。推进基地特色林业产业发展，通过林业产业结构调整，有效提高广大贫困群众自我生存与发展的能力，增加贫困人群的收入，为当地农民依靠林业建设增收脱贫起到良好的推动作用。

特色林业产业让扶贫项目区获得生态效益。通过林业工程项目的实施，项目区森林面积和质量不断提高，森林覆盖率显著增加，特别是广西的金秀县森林覆盖率已从1985年的52.60%提高到2020年的87.34%，30多年提高了近35个百分点，极大地改善了项目区人居环境和生态条件，为生产发展提供良好的生态屏障。

近年来，国家林业主管部门不断加强贫困地区生态保护和建设力度，加大项目安排和资金投入，以确保贫困地区林业各项任务目标按时完成。据统计，2019年，广西在石漠化片区植树造林面积89万亩，治理石漠化和水土流失面积409km^2，目前片区森林覆盖率超过73%。"十三五"以来，国家林业和草原局安排云南石漠化片区林草资金49.48亿元，实施退耕还林还草、石漠化综合治理、防护林工程、生态产业发展等项目，片区森林覆盖率增加4.2个百分点，安排贵州石漠化片区退耕还林面积114万亩，国家储备林项目建设任务483.4万亩。

尽管片区经济建设和扶贫开发虽然取得了很大成绩，但由于经济发展起点低，工业基础薄弱，农业产业化尚未形成规模以及自然条件、交通条件限制等原因，还没有彻底改变经济相对落后的面貌，部分群众生活还相当困难。因此，项目区林业扶贫形势不容乐观，扶贫任务还相当繁重，林业扶贫工作依然任重道远。

第四节 林业扶贫开发的主要做法

一、加大投入力度

不断加大生态建设投入力度，是改善贫困地区生产生活条件的根本措施。自脱贫攻坚战打响以来，国家林业和草原局联合相关部门不断加大投入力度，将政策、资金、项目等向片区倾斜，2019年安排片区中央林草投入57.5亿元。片区各省份也加大投入力度，加强生态治理和恢复。2019年，广西投入36亿元用于片区生态建设与环境保护，植树造林面积89万亩，治理石漠化和水土流失面积409km^2。目前，片区森林覆盖率超过73%。近5年来，贵州安排片区林业建设资金120亿元以上，完成营造林1000多万亩。截至2019年，国家安排贵州退耕还林任务涉及76万贫困人口，退耕还林面积114万亩，人均补助1800元。贵州积极争取国家储备林项目，一期建设任务1098万亩中，安排片区建设任务483.4万亩，占全省44%，覆盖片区所有贫困县。"十三五"以来，国家林业和草原局安排石漠化云南片区林草资金49.48亿元，实施退耕还林还草、石漠化综合治理、防护林工程、生态产业发展等项目。2019年云南实施一批天然林资源保护工程、退耕还林、陡坡地生态治理、石漠化综合治理、防护林建设、湿地保护恢复等生态工程，片区森林覆盖率增加4.2个百分点。

二、培育林业特色产业

大力培育林业特色产业，是促进农民创业致富的关键举措。在加强生态建设的同时，国家林业和草原局为片区和贫困群众"量身打造"木本油料、林下经济、生态旅游、特色经济林等林业产业，促进农民脱贫致富。广西2019年启动实施油茶"双千"计划，对油茶新造林每亩补助2000元，对油茶低产林抚育改造、截干更新每亩补助500元，累计新造油茶林 109.82 万亩，实施油茶低产林改造 97.47 万亩。油茶产业在很多地方成为当地群众最支持、带动脱贫增收最稳定的扶贫支柱产业。刺梨、蓝莓、猕猴桃等产业在贵州已经初具规模，且形成了一定的知名度和影响力。贵州不断强化产业服务，加强产销对接和技术培训，带动了片区群众增收致富。云南积极打造绿色食品品牌，推动龙头企业、专业合作社与贫困户建立紧密利益联结，做到有产业发展条件和劳动能力的贫困人口"应扶尽扶"。

2019 年，3 省份片区林草总产值达到 3400 多亿元，省级以上林业产业龙头企业达 165 家，林草产业覆盖了 85% 以上的建档立卡贫困人口，并逐步形成规模，为农民增收致富开辟了有效途径。

三、选聘生态护林员

2016 年，国家林业局会同财政部、国务院扶贫办下发通知，在集中连片特殊困难地区和国家扶贫开发工作重点县，开展建档立卡贫困人口生态护林员选聘，制订了选聘办法和实施方案技术纲要。利用中央财政补助资金 20 亿元，按照"县管、乡建、站聘、村用"的原则，选聘生态护林员 28.8 万人，精准带动 108 万人稳定脱贫和增收，新增管护面积 2188.64 万 hm^2。自 2016 年生态护林员政策实施以来，国家林业和草原局协调滇黔桂 3 省份将生态护林员指标重点向片区倾斜。截至 2019 年年底，片区共选聘生态护林员 10.4 万名，精准带动 37 万贫困人口增收脱贫，国家共安排片区生态护林员补助资金 23.亿元，地方配套 1.72 亿元。2019 年中央财政把集体和个人所有国家级公益林补偿、天然商品林停伐管护补助标准提高到每年每亩 16 元，安排片区各类补偿补助 7.3 亿元，提高了贫困人口的收入水平。

四、开展林业科技推广和技术培训

大力开展林业科技推广和技术培训，是提高农民从业技能和林业效益的有效途径。坚持把科学技术放在扶贫开发的首要位置，广泛开展林业科技普及，加大科技成果推广应用力度，举办各种林业科技培训班

2900 余次，培训各种类技术人员及农民 25 万人次。并连续多年开展赠送报刊下乡活动，为贫困县、乡赠送《农民日报》《中国绿色时报》和《林业科技通讯》等报刊，使基层群众及时了解国家的方针政策，了解林业脱贫致富的各类信息。目前，通过科技带动、技能培训培养的一批农民，已成为当地脱贫致富的带头人，成为发展林业产业的排头兵。

五、选派干部挂职扶贫

积极选派干部挂职扶贫，是推动地方经济社会发展的重要措施。除了经济支持、科技支持，国家林业和草原局还把干部人才支持作为一项重要内容，精心挑选，合理搭配，持续不断地从局机关、直属单位、科研院所选派优秀干部到 3 省份挂职锻炼、帮助工作。1986 年以来，共向 3 省份选派司处级干部 200 多名。这样，既增进了国家林业和草原局与 3 省份之间的感情，又把选派干部的知识、理念及社会资源带到了 3 省份。同时，也使干部接了地气，受了锻炼，增长了才干。

第五节　林业扶贫开发的成效

一、片区石漠化状况改善

根据我国岩溶地区第三次石漠化监测结果，截至 2016 年，我国石漠化土地面积为 1007 万 hm^2，占岩溶面积的 22.3%，潜在石漠化土地面积 1466.9 万 hm^2。与 2011 年相比，5 年间，石漠化土地净减少 193.2 万 hm^2，年均减少 38.6 万 hm^2，年均缩减率为 3.45%。石漠化扩展的趋势得到有效遏制，岩溶地区石漠化土地呈现面积持续减少、危害不断减轻、生态状况稳步好转的态势。林草植被保护和人工造林种草对石漠化逆转的贡献率达到 65.5%。与 2011 年相比，我国岩溶地区生态状况呈现 5 个重要变化。

第一，石漠化土地面积持续减少，缩减速度加快。上一个监测期，石漠化土地面积在 5 年间减少 96 万 hm²，本监测期的 5 年间减少了 193.2 万 hm²，缩减面积是上一个监测期的 2 倍，年均缩减率是上一个监测期的 2.7 倍。

第二，石漠化程度减轻，重度和极重度减少明显。与 2011 年相比，不同程度的石漠化面积均出现减少。轻度石漠化减少 40.3 万 hm²，中度减少 86.2 万 hm²，重度减少 51.6 万 hm²，极重度减少 15.1 万 hm²。重度和极重度的总体比重较上一个监测期下降了 2.7 个百分点。

第三，石漠化发生率下降，敏感性降低。5 年间，岩溶地区石漠化发生率由 26.5% 下降到 22.3%，石漠化敏感性在逐步降低，易发生石漠化的高敏感性区域由 1638.2 万 hm² 减少到 1527.1 万 hm²，高敏感区所占比例降低了 2.5 个百分点。

第四，水土流失面积减少，侵蚀强度减弱。与 2011 年相比，石漠化耕地减少 13.4 万 hm²，岩溶地区水土流失面积减少 8.2%，土壤侵蚀模数下降 4.2%，土壤流失量减少 12%。

第五，林草植被结构改善，岩溶生态系统稳步好转。岩溶地区林草植被盖度 61.4%，较 2011 年增长了 3.9 个百分点，其中乔木型植被增加了 145 万 hm²，岩溶生态系统稳步好转，出现退化的面积仅占 2.6%。

二、促进区域经济发展和农民增收

石漠化治理过程中，充分考虑石漠化片区实际，通过林业建设积极培育生态经济产业，形成新的经济增长点，促进区域经济发展和农民增收，实现石漠化片区的可持续发展。通过大力调整森林资源结构，培育茶叶、油茶、核桃、优质果品、中药材等新的绿色产业资源，既加快了经济林产业的发展步伐，又极大地调动了林农的积极性，增加了林农的经济收入。滇桂黔石漠化片区（贵州片区）的 5 个市（州）农村贫困人口从 2012 年的 419.06 万人减少到 2018 年的 74.36 万人，贫困发生率从 32.79% 下降到 5.7%，累计治理石漠化面积 3700 余平方千米，森林覆盖率达到 62%。2019 年，滇桂黔石漠化片区（广西片区）实现地区生产总值 3110 亿元，同比增长 7.3%；财政收入 250.2 亿元，同比增长

6.3%；农村居民人均可支配收入1.1762万元，同比增长10.32%；实现14个贫困县摘帽、754个贫困村出列、54.81万名建档立卡贫困人口脱贫；建档立卡贫困人口减少至13.69万人，贫困发生率降至1.3%。"十三五"以来，云南大力推进石漠化片区区域发展与脱贫攻坚工作，累计完成投资1308.97亿元，完成规划总投资的68.93%，片区贫困人口减少至2018年年底的18.58万人，贫困发生率下降至4.08%。2018年，滇黔桂3省份林业产业总产值超过1万亿，达到10939亿元，其中广西5708亿元、云南2221亿元、贵州3010亿元。多石山区呈现出石山增绿、群众增收、村在林中、家在绿中的景象。

三、有效解决农村富余劳动力就业问题

依托林业重点工程的实施，大量农民参与工程建设，或通过组织专业施工队伍进行施工，直接获益。贵州省关岭自治县人武部从2001年以来，充分发挥了民兵组织在林业生态建设中的示范作用，动员1500多名民兵组建植树造林民兵团，承担了全县珠江流域防护林、退耕还林等林业工程建设任务，总结推广"打浆浸苗法""边整地、边植树、边管护"的"现时植树法"，至2005年，在岩溶地区成功造林近1.2万hm^2，成活率在85%以上，实现了绿化造林组织形式和岩溶地貌石漠化山地人工造林技术的创新，被誉为"关岭模式"。自2016年生态护林员政策实施以来，国家林业局(现为国家林业和草原局)协调3省份将生态护林员指标重点向片区倾斜。截至2019年年底，片区共选聘生态护林员10.4万名。2020年，国家林业和草原局协调财政部、国务院扶贫办等部门，进一步加大对片区支持力度，将全国新选聘生态护林员规模的47%安排到3省份，通过生态建设带动当地居民就业增收。

第六节　石漠化片区林业扶贫存在的问题

一、林业扶贫攻坚任务重、难度大

我国贫困地区多为"老、少、边、山、穷"地区，贫困人口多、贫困程度深，部分地区自然条件恶劣、生态环境脆弱，经济发展水平低、支柱产业薄弱，基础设施建设滞后，基本公共服务供给不足。《中国农村扶贫开发纲要（2011—2020年）》提出，"到2015年，贫困地区森林覆盖率比2010年年底增加1.5个百分点。到2020年，森林覆盖率比2010年年底增加3.5个百分点；到2015年，力争实现1户1项增收项目。到2020年，初步构建特色支柱产业体系"。林业扶贫任务不仅要解决生态问题，更要解决民生问题。目前，我国立地条件较好的地区，基本都已完成林木覆盖任务，剩下的都是边远山区和土壤条件差的"硬骨头"地区，改善生态，提高森林覆盖率，发展林业产业，让当地农民增收致富面临巨大挑战。

二、林业扶贫缺乏专项扶持政策

据统计，2011年和2012年林业对贫困地区农民收入的贡献率分别为21%和24%。尽管如此，由于我国山区贫困范围广、贫困程度大，群众对林业扶贫政策的需求依然很强烈。我国现有国家级重点贫困县592个，其中496个分布在山区，这些山区有85%以上的后备土地资源大多适于发展林业，但国家没有专项林业扶贫资金，目前只局限于在现有渠道中，依托工程进行倾斜，标准低，不稳定。根据《2018年中国农村贫困监测报告》，2010年全国扶贫重点县扶贫资金使用总量为4419.5亿元，其中涉及林业的中央专项退耕还林还草补贴资金只有114.1亿元，难以调动地方林业主管部门的积极性，从而更好地发挥林业扶贫作用。

三、林业扶贫产业基础薄弱、产业链条短

一是贫困地区林业产业价值链短，基本停留于林业的第一产业环节，经济效益相对低，林业科技含量不高，需要延伸第二乃至第三产业发展；二是贫困地区以现有资源为依托发展第三产业的（如森林旅游），也还处于发展的初级阶段，规模化、产业化程度低，基础设施不完备，服务质量不高，产品单一、品牌效应不明显，经营管理比较粗放，体制机制创新不够。而林业第三产业其他项目，如林业生态服务、林业专业技术服务、林业公共管理服务、林业金融服务业等基本没有开展。林业扶贫产业发展水平与全面建成小康社会的要求相差甚远，林农持续增收的潜力还没有充分发挥。林业产业产品市场开拓与加工转化能力有待进一步加强，林业产业质量效益急需进一步提升，林业扶贫产业的价值链有待进一步延长。

四、林业扶贫人才缺乏

绝大多数贫困地区属于偏远地区，林业科技与扶贫人才严重匮乏。由于这些地区远离中心城市，交通不发达，科研院所的科技人才返回成本很高，制约了贫困地区获取林业科技服务。贫困地区林农获取林业科技知识的主要途径是传统流传与经验积累，知识更新速度慢，难以接触到先进的林业生产经营技术。

五、市场机制体现不明显

长期以来，在林业扶贫各项工作中，政府均发挥了主导作用。林业扶贫资源的分配主要依赖政府调节，市场的资源配置功能没能得到有效发挥，导致林业扶贫资源配置效率不高。如何在林业扶贫工作中引进市场机制、优化稀缺资源的配置，是当前林业扶贫机制有待进一步改善的地方。也正是由于缺乏有效的市场机制，社会资金进入林业扶贫项目的积极性不高，林业扶贫资金供给主体单一，各级政府不得不成为资金供给的最大主体，无形加大了政府财政负担。

六、林业保护与开发的矛盾还没有从根本上解决

因石漠化片区经济十分困难,在林业保护与开发中的矛盾一直难以有效地加以解决,特别是在对公益林的区划界定中,一方面对重点生态区域要全面加以保护,尽量减少人为干预,另一方面在相应地区生活的群众又有对林木资源进行开发利用以改善生活状况的迫切愿望。地方政府无力补偿群众为保护生态环境而停止对森林利用带来的损失,因此对森林生态系统的建立带来一定的影响。

第五章 石漠化片区林业扶贫开发的典型模式及评价

第一节 开发式扶贫模式

中国在多年扶贫开发中，探索出"整合力量、连片开发、集中攻坚、综合治理"的成功经验，把连片特困地区作为主战场，实施连片、开发式扶贫攻坚。

一、整村推进连片开发模式

整村推进连片开发模式创造性地以行政村为单元，统一规划，整合资金，并让贫困农民自主选择扶贫项目，监督资金使用，集中解决改变生产条件、发展特色产业及改善教育、卫生设施等方面的突出问题，达到整体推进、稳定解决温饱的目标。

（一）贵州印江县

2008年1月，印江土家族苗族自治县在原杉树乡实施贵州省首个"县为单位、整合资金、整村推进、连片开发"扶贫试点。近年来，该县加强领导，明确职责，因地制宜，科学规划，整合资金，分类实施，大力宣传，全民参与，创新机制，规范管理，按照"强基础、壮产业、重民生"的扶贫工作思路，整合各类资金6443.9万元，其中国家试点扶贫专项资金950万元，整合资金3883.2万元，群众自筹1610.7万元，在杉树镇实施各类项目 203 个，涉及 14 个村，覆盖 137 个村民组 4104 户 17177 人。

在整村推进连片开发扶贫过程中，杉树镇新建了 7596 亩园，4157.6 亩经果林，建设圈舍 3949 间，引进良种母猪 2199 头；新建公路 108km，小水池 1458 口，完成了 13 所学校的新建和维修，新建 10 个村卫生室。试点区的交通网络初步形成，实现村村通公路。项目区已经初步建设起以茶叶（经果林）、生猪、莱茵鹅为主的循环农业发展模式，而且随着扶贫攻坚的深入推进，杉树镇持续推进生态茶叶、生态畜牧业主导产业，大力发展订单辣椒、家禽养殖等"短、平、快"产业，确保每个村有一个特色种类、有一个优势品种。经过 10 多年的发展，茶产业已成为杉树镇何家梁子等地群众增收的主导产业之一。该镇已组建 17 个村集体经济合作社，实现村村有特色产业，户户有增收项目。

（二）云南玉溪市

云南省玉溪市江川区大龙潭村东西北三面环山，针对"青山、秀水、田园人家"的村容村貌，江川区开始有针对性地对大龙潭村开展扶贫项目建设。2016 年 3 月，投资 150 多万元对大龙潭村的进村道路进行硬化，并将路面宽度由原来的 1.5m 拓宽到 5m；10 月，大龙潭村被纳入江川"百千工程"建设及易地扶贫搬迁项目，结合当地得天独厚的自然条件优势及建筑、文化特色，计划将大龙潭村打造成一个以生态休闲垂钓、农业观光体验为主导的具有地域特色的生态旅游扶贫示范村。

在乡村生态旅游示范村打造过程中，江川区利用大龙潭村丰厚的水体、农田、山林景观，以及极具特色的滇中民居建筑风格资源，针对村内高差较大的特征，整体规划按照"依山就势台地式布局"的思路进行。在注重生态环境保护、确保村内道路畅通、做到良好公共设施与环境相配套的前提下，村庄布局为"一心一轴五区"。其中，民居展示区为大龙潭村的核心区域，为了与坝区青砖灰瓦白墙的建筑形式区别开来，大龙潭村民居采用土坯筑墙的生土建筑形式，使之成为村落对外宣传展示的名片；村落南面田村相依，农田设计因地就势，形成丰富优美的台地田园景观区；依托村前大龙潭水库优越的水资源，修建观景平台和垂钓时场地，形成垂钓区与休闲观光区为一体的水上乐园；村落周围的山林资源，将被打造成登山爱好者徒步探险的区域。

(三) 广西都安县

2014年以来，都安瑶族自治县把隆福乡作为实施开发扶贫"整乡推进"的重点乡，以项目为抓手，夯实农村基础设施，重点实施产业带动、教科引领等六大示范项目。2014年年底，隆福乡的支柱产业、特色产业逐步形成，近2万名群众走上致富路，2015年当地农民人均纯收入达5000元，比2014年增长1000元。

在实施"整乡推进"过程中，都安县结合山区实际，大力发展适合当地的产业和项目，通过产业带动、项目推动，强力推进扶贫攻坚工作。该县先后整合资金9200多万元，用于通村道路升级、通屯道路建设、屯内道路硬化、危旧房改造等，解决群众的行路难、饮水难等问题；筹措3500多万元，促进核桃、两性花毛葡萄、高淀粉红薯等产业发展。同时，大力推进教育基础设施建设，巩固义务教育成果，强化对群众的实用培训，促进农村劳动力向发达地区转移就业。

二、易地扶贫搬迁开发模式

易地扶贫搬迁是解决山区贫困人口的治本之策。边远山区贫困地区气候高寒，灾害频繁，交通不便，生态环境恶劣，生存条件差，解决这些问题，不仅需要巨额资金投入，还会破坏当地的生态环境。所以，易地扶贫搬迁是改善区域经济发展环境、实现人口再分布、实施可持续发展的重要举措。

(一) 贵州福泉市

"十三五"期间，福泉市共规划建设易地扶贫搬迁集中安置项目6个，截至2020年3月底，已建成6个，搬迁安置3335户14020人(其中建档立卡户2656户11111人)，全部实现搬迁入住。近年来，结合实际，通过组织领导系统化、规划建设科学化、民生保障精准化、管理服务精细化、后续发展持续化的"五化"模式统筹推进易地扶贫搬迁"五新"社区(新环境、新生活、新市民、新发展、新时代)共建共治。

组织领导系统化。一是建立市级工作领导机构；二是发挥社区党组织的核心作用；三是发挥群团组织帮带作用。

规划建设科学化。一是科学规划项目选址；二是规范建设社区阵地；三是完善社区配套设施。

民生保障精准化。一是抓"三保"，由搬迁群众自主选择城乡低保、医保和养老保险，全面落实"四重医疗保障"；二是抓就学，在搬迁社区或附近同步配套建设学前教育和义务教育学校，开办"四点半"学校，开展家庭签约教师活动等；三是抓就医，建设社区医院或社区卫生服务站，对社区搬迁群众家庭成员建立健康档案，做好搬迁群众家庭医生签约服务等。

管理服务精细化。一是强化社区管理基础保障；二是加大居民自治体系建设；三是全力开展"五引导五教育"。

后续发展持续化。一是盘活"三地"资源，有效提升"三地"价值；二是扩宽就业渠道，有针对性开展搬迁群众就业培训，向企业、园区输送用工，招引各类劳动密集型企业进驻社区，加大对搬迁群众就业创业金融扶持等；三是壮大社区集体经济，在搬迁社区成立扶贫开发投资有限公司，统一经营管理搬迁社区商铺、停车场及其他商业业态等相关经营性场所，并将经营所得反哺社区日常运行管理。

(二)云南新平县

2016年以来，为了解决"一方水土养不活一方人"的问题，玉溪市新平县委、县政府投资9.3亿元在建兴乡、平掌乡、老厂乡、戛洒镇等7个乡镇搬迁2765户10535人，建成了65个易地扶贫搬迁安置点，其中11个为省级易地扶贫搬迁项目，54个为县级就近就地集中危房改造项目。随着脱贫攻坚巩固提升和易地扶贫搬迁后续发展政策的进一步落实，这些搬迁安置点的搬迁效益日益凸显，戛洒镇关圣庙易地扶贫安置点就是其中的典型。

戛洒镇关圣庙易地扶贫搬迁安置点位于旅游特色小镇戛洒集镇，占地 575 亩，共计安置搬迁群众 586 户 2196 人，其中安置建档立卡贫困户 98 户 347 人，项目总投资 3.7 亿元，是全市最大的易地扶贫搬迁安置点。搬迁点建设完成，群众实现搬迁入住后，新平县委县政府和戛洒镇党委政府结合镇情村情，充分利用当地资源禀赋，在搬迁群众的后续发展上下狠功夫：一是党建引领贯穿搬迁工作全程。在搬迁初期，戛洒镇在安置点及时组建关圣庙临时党支部并成立建房委员会；搬迁安置点建成后，2019 年 4 月，戛洒镇申请成立了曼哈社区，2019 年 9 月，成立曼哈社区党总支委员会，并以高标准高要求建设了曼哈社区党群服务中心。二是依托旅游资源优势植入旅游元素。自关圣庙易地扶贫搬迁项目启动以来，新平县高瞻远瞩，把旅游元素融入规划：建设花腰傣民族民间文化体验展示区，发展精品旅游；出台《关于推进易地搬迁安置点民俗客栈建设补助实施方案》，鼓励易地搬迁安置点内群众改造安置房进行民俗旅游开发。三是加大培训"务农"变"务工"。有针对性地组织搬迁户劳动力参与党员先锋夜校、厨师技能培训、水泥工技术培训、刺绣培训等实用技术培训；积极宣传引导集镇驻地各单位、各企业、安置点施工单位提供建筑工、矿工、餐饮、环卫等岗位，优先选用搬迁户剩余劳动力；引进湖南沅江市润湖渔网纺织制成品制造有限公司，成立地笼加工扶贫车间，提供原料并提供技术培训，实现搬迁户家门口务工。

(三) 广西大化县

大化县是国家扶贫开发工作重点县、滇桂黔石漠化片区县、广西极度贫困县。2015 年年底，全县有未脱贫人口 2.25 万户 10.44 万人，贫困村 92 个 (其中深度贫困村 46 个)，贫困发生率 25.8%。贫困群众大多分散居住在石漠化严重的大石山区及土地稀缺的水电站库区，生态环境脆弱，生存条件恶劣，资源匮乏、交通闭塞、生产力水平低下。

近几年，大约 1 万名贫困群众从位于深山中交通不便的贫困村陆续搬迁到县城的易地扶贫搬迁点古江安置区。古江安置区坐落在大化县城最好的临河地段，红水河边的达吽小镇也紧邻着搬迁点，小镇的建设以解决搬迁群众创业就业为目标，以美食和民俗文化为主。在推进该安置区建设的过程中，大化县结合"长寿门户·美食之乡"的定位，以打造布努瑶特色文旅小镇为目标，投资 20 亿元发展以饮食为主的第三产业，引导搬迁群众就业创业。同时，整合美食广场周边安置楼一楼、美食街、步行街等临街铺面，出台优惠招租政策，扶持、鼓励贫困群众自主创业。截至 2020 年 10 月，已有 150 多家商户入驻营业，其中搬迁农户自行创业 12 家。达吽小镇的运营，辐射带动了县城周边第三产业的兴起，提供 3000 多个工作岗位。此外，安置区设立了就业创业服务指导中心，项目附近设有农民工创业园。创业园已完成一期，孵化区已累计与 83 家小微劳动密集型企业签订入园协议，提供就业岗位数 2000 多个。目前安置区有劳动力且有就业意愿的搬迁家庭已实现户均 1 人以上就业。2020 年疫情后由于很多群众没有到省外务工，达吽小镇又增设了 80 个免费的移动摊位，安置区的搬迁户可自愿报名参加，点燃"夜间经济"的达吽小镇，热闹繁华，成为众多游客的网红"打卡"地。

第二节　产业化扶贫模式

一、林业企业带动模式

结合当地优势特色资源，引进或培育林业企业，形成当地特色产业，延长林农初级生产的价值链，拓宽林农生产的初级产品市场，带动当地林农脱贫致富。

(一) 贵州从江县

近年来，从江县以龙头企业为抓手，将区域优势产业、特色产业、小而散的产业进行整合，着力完善产业链条，推动林业产业实现规模化、组织化、市场化、标准化、专业化发展。

从江县引进昌昊金煌(贵州)中药有限公司，大榕坡国有林场免费提供土地，政府投入扶贫资金购买种苗，公司投入资金负责后期的肥料、管护、技术等发展林下中药材种植。公司保产量、保价格，中药材产生效益后，按照 25 元/500g 的价格保底收购。而在中药材未产生效益的前两年，则按照投资总额的 6% 对贫困户进行分红。大榕坡林下中药材种植基地，产业覆盖了周边 14 个村的 854 户贫困户 4082 人，通过前期的投资分红、务工收入和其他收入，基本可以保证贫困人口脱贫。2018 年，从江县引进油茶深加工企业贵州乔盛生物科技有限公司，对从江油茶进行全产业链开发。2019 年，乔盛科技冷榨茶油和药用茶油产品实现产值约 5000 万元。如此大的加工产能，乔盛科技对油茶原料的需求也十分旺盛，每年需要油茶果近 1 万 t，这不仅可以解决从江县油茶种植户的销售难题，还能覆盖周边榕江、黎平、天柱、锦屏等地，有效弥补贵州省油茶产业加工短板，助推贵州省油茶产业跨越发展。同时，2018 年，乔盛科技与 832 户农户签订油茶籽产业发展合作协议，其中建档立卡贫困户 245 户，带动户均增收 3205 元。2019 年，采取"公司+合作社+农户"模式，协助周边村集体成立了 5 个合作社，带动 3000 名农户种植油茶。

（二）贵州大方县

贵州省大方县有"中国天麻之乡"的美誉。当地群众早在 20 世纪 70 年代末就开始了人工种植天麻，但大多只是在自家房前屋后小规模散种，没有真正形成整套种植技术，收成只能听天由命，产业一直不成气候。近年来，大方县积极引进和扶持一批天麻企业，涌现出一批如贵州省大方县九龙天麻开发有限公司、云龙天麻开发有限公司、关井绿色资源开发有限公司等知名企业，全县天麻种植面积达到 3.5 万亩，经营天麻的企业有 8 家、专业合作社 30 多家，覆盖全县 31 个乡镇(街道)，涉及农户 9000 多户，年产值达 2 亿多元，约占全国天麻总产量的 5%。这些企业在不断壮大和发展的同时，也带动了林农的致富。如九龙天麻开发有限公司用"公司+基地+农户"的模式推广仿野生天麻种植技术，在 12 个乡镇以林权入股、保底收购等方式与林农合作种植天麻。公司出菌种和种麻，负责技术指导，林农以林权入股，投资劳力和管理，产品对半分成。公司成立了12个仿野生天麻种植技术科技服务站，培养了大批乡土人才，保证了产品的质量，实现了公司与林农的合作共赢。公司实现产值4000万元，林农人均增收3000多元。

(三) 广西巴马县

巴马县聚集产业精准扶贫，通过政策引导、利益联动、示范带动，引进和培育龙头企业及农民专业合作社，构建"公司+基地+合作社+农户"模式，推动扶贫产业发展，促进群众持续增收。如制定优惠政策，引进龙头企业。2016年以来，该县先后制定了企业入驻优惠政策、扶贫产业发展奖补政策，成功引进天津宝迪农业科技股份有限公司、广西巴马八百里农业有限公司、深圳深鹏旅游发展有限公司、巴马桂姑娘农业开发有限公司等10多家企业，大力发展生猪、肉牛、油茶加工、富硒稻、红心柚、火龙果等特色产业。通过企业带动，形成种养、加工、销售、品牌建设一体化的发展模式，构建了企业和专业合作社与贫困村、贫困户的利益联结机制，同时建立了农业生产保险体系，不仅让龙头企业放心发展扶贫产业，而且坚定了群众脱贫致富的信心。

(四) 广西田林县

田林县是广西国土面积最大的县，达5577km²，且多以山地为主，发展油茶产业的条件得天独厚。截至2018年年底，田林县有油茶面积近40万亩，成林面积28万亩，2000亩以上的连片油茶示范基地13个，实现了14个乡(镇)油茶产业全覆盖。同时组建油茶专业合作社20个，参与油茶产业的贫困户达1.2万多户。油茶种植成为当地群众的致富法宝。在此基础上，田林县全力创建全国油茶有机农业示范基地，让油茶产业真正成为田林农民增收致富的"绿色银行"。在发展优质高产油茶基地的工作中，田林县实行"政府引导、市场运作、政策扶持"等措施，先后在者苗、潞城、八渡、八桂等9个乡镇大力推广油茶种植。与此同时，田林县还通过采用"公司+合作社+农户+基地"或"公司+合作社+贫困户+基地"等模式，改变农户分散种植、粗放经营、低产低效的经营方式,利用农户土地入股与经营油茶产业的公司(能人)合作经营,提升产品的附加值。为打造"田林山茶油"绿色品牌,田林县先后引进田林县鑫福源山茶油开发有限公司等企业3家。通过广西震山生物有限公司、田林县聚源公司等企业的带动,者苗乡实施了油茶连片低产改造3800多亩,新种优质软枝油茶3000多亩,截至2019年4月,全乡共有2200户种植户参与油茶种植,种植总面积累计达4.8万多亩,茶油年产值达3000多万元,户年均收入6000元。

(五)云南沾益区

党的十八大以来,云南省曲靖市沾益区林业局按照"产业得发展、林农得实惠、生态得保护"和"产业发展生态化、生态建设产业化"发展的思路,积极培育红豆杉产业龙头企业,带动一方林农致富。云南鸿昊实业集团有限公司栽植的万亩红豆杉就是在这样的背景下发展起来的。云南鸿昊实业集团有限公司承包荒山造林,造福当地百姓。曲靖市沾益区炎方乡,林地面积较大,长期由各家各户分散经营,不能发挥应有的效益。2010年,从事矿产资源开发多年的炎方乡人余崧华,积极响应国家产业政策,注册成立了云南鸿昊实业集团有限公司,承包当地集体荒山、疏林地18.8万亩进行统一规划、综合开发,投入巨资建设高标准云南红豆杉、香榧木、油橄榄、核桃等基地。公司与村集体签订承包协议,协议中明确,村集体提供林地,全部资金由公司投入,产生效益后,村民直接参与利润分成(村委会占5%,村民小组占15%),公司占80%。采取"公司+基地+农户"的经营模式,坚持"不采伐、不间伐、只修枝"的利用原则,大力发展林产业。现阶段,每天有600多人的农村剩余劳动力从事种植活动,每年支付农民工工资在800万元左右,真正实现了"企业得发展、农民得增收、生态得保护、林产业大发展"的多赢局面。至2018年,公司已投资2.2亿元高标准、高质量完成种植11万余亩,其中云南红豆杉7万余亩、香榧木5000余亩、核桃3万余亩、油橄榄1万余亩。

(六)云南富宁县

2017年以来,富宁县林业局积极引导涉林企业参与开展林业扶贫工作，通过林业产业发展加快推进脱贫攻坚工作步伐。截至 2018 年 7 月，全县有 11 家涉林企业、合作社招聘和安排建档立卡贫困人口 131 人实现劳务收入 127 余万元。富宁兴鑫丰产林有限责任公司带头以"公司+基地+农户"紧密合作发展模式，累计在全县 9 个乡镇建设标准化种植基地 49000 亩，其中：油茶 25000 亩、杧果 5000 亩、杉木 14500 亩、桉树 4500 亩，带动 821 户 4325 人增收，助推 111 户建档立卡户加快脱贫步伐。2017 年底，已产生效益的种植基地农户分配利润额达到 152 万元，该公司还投入资金 16 万元帮助 4 户建档立卡户修建了 $320m^2$ 房屋。近年来，公司种植基地陆续产生经济效益，更多的参与合作的农户从利润分配及基地建设、抚育管理、产品采收务工等方面持续增收，为富宁县内涉林企业参与精准扶贫起到了引领示范作用。

二、专业合作社带动模式

农民专业合作社是由同类农产品的生产经营者或者同类农业生产经营服务的提供者、利用者，按照自愿联合和民主管理的原则组织起来的一种互助性经营组织。专业合作社避免了一家一户生产经营的盲目性，有利于促进农民增收、实施规模经营、发展特色产品生产、打造林产品品牌。

(一) 贵州荔波县

贵州省荔波县盛产绵竹，农民素有编织凉席的传统工艺，产品曾经远销日本和韩国、新加坡、马来西亚等国家。2009 年，贵州荔波茂兰自然保护区村民姚优凤等 5 名自发组建了茂兰喀斯特竹制工艺专业合作社，其宗旨是"让无业者有业，使有业者乐业"。合作社大力发展荔波旅游产业，挖掘民族民间工艺文化，开发旅游商品，解决荔波农民工就业，增加了农民收入。合作社自成立以来得到了县政府的大力支持，共同举办农民工竹编工艺技能培训班，至今，受培训人员累计人数达 657 人。通过培训，表现优秀的 200 名学员与合作社签订了产品收购合同，并被吸收为新的社员。目前合作社社员人均年收入近 1.5 万元。

(二) 广西宁明县

宁明县"专业合作社+基地+农户"产业化扶贫模式在运营过程中，政府按照"重引导、少干预、多服务"的原则，积极为林业合作组织提供全方位的服务。对达到一定规模的规范性林业专业合作社，由县财政给予一定的扶持资金，包括对信用等级较高的专业化合作组织优先安排贷款，所得税、营业税减免等，同时在林业合作社办理颁发营业执照时，免除办理登记、年检等费用。而合作社对林业生产所需要的良种、农药和化肥等采取统一采购、统一供应的方式，降低采购成本，并提高采购的质量。合作社拥有比较先进的种养技术，定期派出管理技术人员，为成员提供技术指导。另外，专业合作社制订地方性标准，建立林产品质量安全管理制度，实行生产标准化管理与服务。合作社通过申报森林食品基地、无公害农产品基地，认定绿色食品基地、有机食品基地等形式，大大提高了林产品的市场竞争力。

(三) 云南罗平县

近年来，云南省罗平县积极扶持培育林业龙头企业，发挥龙头企业对林产业的带动辐射作用。推广"公司+基地+农户"的建设模式，引导农户以林地、林木、资金、劳动力等生产要素入股，实行"林地保底租金+按股分红""保护价收购林产品+按股分红"等利益分配模式，与龙头企业结成利益共享、风险共担的利益共同体，带动农户脱贫致富。罗平九龙生态专业合作社发展经济林果种植及林下养殖，积极帮扶贫困户脱贫。合作社是由罗平县当地养殖能人苏俊坤等75人发起成立，在九龙街道牛街居委会小黑泥哨流转林地1200亩，发展经济林果种植和林下生态鸡养殖。合作社注册了"小寨土鸡"商标，2018年，已种植杨梅120亩、枇杷200亩、樱桃150亩、红豆杉200亩、其他林木200亩，林下放养生态土鸡年出栏约4万羽。合作社进村联户贫困户，通过"基地+合作社+贫困户"的发展模式，扶持九龙街道牛街居委会、关塘居委会7个村民小组，34户116人建档立卡贫困户。免费为贫困户提供小寨土鸡鸡苗，按现有贫困人口每人每次提供10羽，根据养殖出栏情况，每年免费提供鸡苗 3~4 次，并做好养殖技术指导；实行订单收购，待成品鸡出栏时，由合作社向贫困户高于市场价 5% 进价回收。每年为每户贫困户每人免费提供鸡苗 20 羽，可实现贫困户年增收 5000 元左右。

三、专业化基地建设模式

该模式结合当地的自然条件和资源特征，发展优势特色的种植业和养殖业，兴办专业化生产加工企业，形成以公司、大户和专业合作社等为主，通过专业基地和产业带的建设促进当地经济发展，帮助农户增产增收。

（一）贵州安龙县

为助推安龙县脱贫攻坚，加快生态产业脱贫的步伐，2017 年，安龙县招商引资贵州天刺力食品科技有限公司。依托"天刺力"品牌、技术、管理、销售等优势，在安龙成立了"贵州天刺力生物科技有限责任公司"。公司以现有刺梨基地建设为基础，采取"公司+村级合作社+农户+基地""公司+农户+基地"等多种模式进行基地建设，规划建设面积 20 万亩。

截至 2020 年 2 月，安龙县刺梨基地建设面积已达 21000 亩（其中贵州天刺力生物科技有限责任公司原委托安龙县运龙刺梨公司建设 15000 亩、贵州天刺力生物科技有限责任公司自建 4000 亩、农户自建 2000 亩），由于大部分为新种植面积未达到丰产，2019 年产量只有 600t 左右，产值约 240 万元，带动农户 1800 户 7500 人（其中贫困户 500 户 2100 人）。贵州天刺力集团以促进农民增收为核心，以发展壮大刺梨原材料供应基地为落脚点，以确保刺梨鲜果产品稳定供应为目的，推动刺梨产业"产、供、销"一体化发展，打造"黔西南优质刺梨果基地"。

（二）贵州锦屏县

为推进山核桃产业高质量发展，巩固脱贫攻坚胜利果实，2020 年，锦屏县通过与杭州市富阳区积极开展合作，聚焦产业扶贫，把发展山核桃作为调整林业产业结构、脱贫攻坚载体和促进农民增收致富的重要举措。其中通过建设示范基地促进锦屏县核桃产业发展。通过杭州市对口帮扶黔东南州项目解决争取项目帮扶资金 500 万元，自筹 274 万元，统筹资金 774 万元用于新建锦屏县铜鼓镇铜鼓村山核桃示范基地 600 亩、实施锦屏县三江镇国有林场高登坡山核桃低产林改造示范基地 500 亩、建设锦屏县山核桃精深加工厂房建设基地 1 个（包含煮果车间、炒果车间、烘烤车间、冷却车间、选仁车间、包装车间等各类车间、仓库、晒场、锅炉房、冷库等）。

(三) 广西三江县

近年来，广西三江县把油茶产业作为精准脱贫的重要抓手，加快转变农业发展方式、积极调整农业产业结构，通过政策扶持、精铸品牌、争资立项等系列措施，全力做大、做强、做优油茶产业，致力将三江打造成广西重要的油茶产业基地。

截至 2018 年，三江共有油茶林 61.7 万亩，覆盖全县 15 个乡镇的 86 个贫困村，贫困户开发油茶产业覆盖率已达 79.3%；全县油茶品改备耕面积达 2.8 万多亩，已种植优质高效油茶林 1.5 万多亩。2017 年，全县完成油茶品改 4593 亩，建设油茶品改示范基地 7 个共 2595 亩，建成优质油茶苗木繁殖基地 150 亩，培育优质苗木 400 万株，扶持贫困户开发油茶种植 1580 户 4520 人。2018 年，三江县按照"一砍、二种、三护理、四倍增、五六年后大翻身"的工作思路，实施种植面积 14 万亩，建设县级核心示范带 1 片，各乡镇分别建造 1~2 片示范基地，每片面积在 100 亩以上，力争把斗江镇思欧村宇塘高效油茶基地打造成广西现代特色林业核心示范区。

(四) 云南大关县

2020 年决战脱贫攻坚工作以来，云南省大关县充分发挥筇竹资源禀赋优势，下重锤推进竹基地建设。一是高标准抓布局。围绕"一核"：一个以木杆镇向阳村筇竹笋加工产业园区建设作为核心辐射布局的产业集群；"一区"：一片以大关县海拔 1200~2400m 的筇竹重点适应种植区域；"南北"：以上高桥、玉碗、悦乐、翠华、天星为主的南部片区，以木杆、高桥、吉利、寿山为主的北部片区;"两带":以玉碗出水、火地,天星营盘,上高桥当阳坪、悦乐太阳坝、翠华大厂为补空连片的两个重点示范产业带,实现高标准空间布局。二是高质量抓生产。成立9个技术指导组登点实地指导,严把打塘、底肥、验苗、植苗、后期抚育五道关口,严控生产环节质量标准。三是高统筹抓保障。利用林业项目、县级统筹保障筇竹基地建设,每亩资金从最初的400元/亩调整到800元/亩,3年累计投入竹基地建设资金1.08亿元。四是高速度抓推进。"把山当田耕、把竹当菜种""发起菜地革命",在筇竹适应区域动员群众拿出好田好地,不留死角,全覆盖,打破思想禁锢,大手笔策划推进。县委、县政府主要领导一线指挥,分别召开南部与北部片区竹产业发展推进会,咬定目标、抢抓节令、举全县之力推进竹基地建设。

第三节 生态工程扶贫模式

该模式是基于生态与经济协同发展的观点,依托林业重点工程改善当地生态环境,借助工程的各种政策机遇和资金帮助,发展生态型产业和带动贫困农户就业,进而促进当地经济发展和农民致富。该模式包括工程带动生态产业扶贫模式与扶贫攻坚造林专业合作社模式。

一、工程带动生态产业扶贫模式

(一)贵州黔西南州

黔西南州(全称"黔西南布依族苗族自治州")是贵州省集中连片的石漠化地区,石漠化面积达754.4万亩、潜在石漠化面积达317.1万亩,2008年,该州8县市全部被列入全国首批100个石漠化综合防治试点县。近年来,黔西南州以石漠化防治、生态环境修复、扶贫产业开发为重点,开展石漠化综合治理。根据石漠化区域的不同地形、不同条件,因势利导,走出了一条扶贫开发、石漠化治理与产业发展相结合的

"造血"式治理新路。

在生态环境修复工程上，黔西南州采取退耕还林、种植经果林、保土耕作等方式，提高森林覆盖率；在石漠化防治上，大量修建蓄水池、排灌沟渠、拦沙坝等，进行立体综合治理；在生态产业扶贫上，探索并推广了"顶坛模式""坪上模式"等，起到了较好的示范作用。2019 年，黔西南州森林覆盖率达到 54.87%，比 2010 年增加 9.87 个百分点。仅 2017 年就完成营造林 137 万亩，治理石漠化土地 211.23 km^2，治理水土流失面积 322.27 km^2，实现林业产值 233.7 亿元。

（二）贵州黔西县

2020 年入冬以来，贵州省毕节市黔西县协和镇依托区域自然条件优势，按照"公司+合作社+农户"发展模式，多措并举推进国家储备林项目（一期）建设，加快石漠化治理。

一是抓科学谋划，政府强力推动。协和镇成立国家储备林项目建设领导小组和技术服务专班，科学谋划全镇发展 12807.71 亩国家储备林项目。二是分解落实任务，全面靠实责任。由各村（社区）包村领导亲自督战造林，干部群众齐上阵，现场督查指导，及时解决问题。三是广泛宣传动员，营造舆论氛围。号召动员全镇广大干部群众积极投身国家储备林项目建设中，通过小组会、院坝会等形式，深入各村社开展宣传活动。四是狠抓关键环节，提高造林质量。严格执行造林质量事故行政责任追究制度和林业重点工程生态监理制，按岗位靠实责任，追究责任，对工程建设参与者进行监督，对发现的问题及时进行整改。五是示范带动，抓好一次示范培训。营造林种植现场，邀请有关技术人员将标准化栽培管理技术推广到村、到组、到户、到人，并依托新时代农民讲习所（新时代文明实践站），链式开展种植培训。在实施该项目中，协和镇涉及土地流转金共计 3107.398 万元，涉及农户 1498 户，其中脱贫户 327 户，预计可带动 200 人就近就业，每年可获得劳务收入约 80 万元。

（三）广西东兰县

东兰县地处滇黔桂石漠化片区，全县有 288 万亩林业用地，其中大石山区 180 万亩，占 62.5%。由于人均耕地少，群众大量毁林开荒造田，造成当地水土严重流失，生态环境愈加恶劣。近年来，通过退耕还林，积极发展经济林产业，东兰县走出了一条生态效益与经济效益双丰收的可持续发展路径。

新一轮退耕还林政策实施后，农户大多将自己的承包地种上了板栗树，而且当地林业部门还免费帮助其进行低产林改造，提供技术培训。2019 年，东兰县大部分板栗林进入盛果期，年产量达 2 万 t，产值 1.2 亿元。依托大面积的板栗林等林地，东兰实施了"互联网+乌鸡养殖"项目，已建成 688 个养殖场，累计投放鸡苗 172.78 万羽，出栏 115.08 万羽，带动 2.06 万户贫困户共 7.45 万人参与，实现养殖收入 771.8 万元，村集体经济收入 97 万元。林业产业已成为带动当地群众增收致富的支柱产业，2019 年全县林业产业总产值达 18.14 亿元，6.6 万余名建档立卡贫困人口从退耕还林、生态公益林补偿和相关林业特色产业中受益。

（四）广西罗城县

作为广西深度贫困县，罗城县属典型的喀斯特地貌，石漠化问题多年来制约着当地种植业的发展。在罗城中西部石山地区，种植其他东西很难产生效益。1998 年，罗城县决定全面推进毛葡萄产业化发展，当时种的是单性花品种，产量并不稳定。直到 2006 年，科研人员发现了一个两性花品种，经过 3 年试种后，在全县推广。如今推广种植的两性花品种'野酿 2 号'，自花授粉、稳产高效，高产示范区亩产量超过 1000kg。近年来，依靠石漠化综合治理项目和"十百千"产业扶贫示范工程项目的支持，罗城县对种植毛葡萄的农户每亩给予苗木、肥料、架材补助 600 元，已推广种植'野酿 2 号'两性花毛葡萄近 5 万亩。

截至 2020 年，全县已种植毛葡萄 8 万亩，先后有 3800 多户贫困户参与毛葡萄种植，2012 年以来，1200 多户贫困户通过种植毛葡萄实现脱贫。种植毛葡萄，不仅改善了贫困地区的生态环境，还帮助石漠化山区贫困群众增收致富，有效带动全县农业产业结构调整优化。如今，除鲜果销售外，罗城县还加强毛葡萄酒、毛葡萄果汁饮料等产品开发，加大对花青素、白藜芦醇等健康物质提取的研发力度，毛葡萄产业链不断外延，经济效益持续提升。

（五）云南昌宁县

2018年，昌宁县统筹整合财政涉农资金1415.561万元，实施10万亩核桃提质增效和1万亩澳洲坚果提质增效。项目分两个年度实施，2018年，投资1150万元实施10万亩核桃提质增效树干涂白、整形修剪、中耕施肥3项措施及1万亩澳洲坚果提质增效幼树抚育、品种改良2项措施；2019年，投资265.561万元实施10万亩核桃提质增效病虫害防治措施。11万亩木本油料提质增效项目分别布局在田园、漭水、耈街、珠街、大田坝、柯街、卡斯、温泉、翁堵、更戛、鸡飞、勐统等12乡镇。项目惠及12个乡镇、34个贫困村、255个村民小组、3709户建档立卡贫困户。通过实施核桃提质增效项目，以亩增收10kg计，10万亩可增产1000t，按1.2万元/t计，年增收1200万元，可为建档立卡贫困户增收500多万元；通过澳洲坚果幼树抚育及品种改良，3年后1万亩澳洲坚果进入初果期，以亩产100kg计，1万亩产量可达1000t，按1.5万元/t计，年产值1500万元，可为建档立卡贫困户增收700多万元。

（六）云南红河州

党中央、国务院启动新一轮退耕还林工程实施以来，云南红河哈尼族彝族自治州（简称红河州）始终坚持把绿起来、活起来、富起来作为新一轮退耕还林工程建设的最终目标和根本主旨，结合新一轮退耕还林工程，加快林产业发展。

2014年以来，全州依托新一轮退耕还林发展种植杉木10.9万亩、柁果6.2万亩、石榴2.5万亩、油茶2.4万亩、苹果2.3万亩、桃树2.2万亩、枇杷2.1万亩、核桃1.3万亩。截至2019年，全州依托退耕还林工程，初步形成了州北部以核桃、桉树、油茶、林果为主，南部以楦木、杉木、橡胶、棕榈、八角、茶叶及林下资源等为主的多个产业带和产业群。其中，核桃、橡胶、林果等产业发展规模超过了 100 万亩，核桃、桉树、竹子、橡胶、草果、棕榈、石榴等产业的产值均超过了 1 亿元。以石榴、枇杷、杨梅、樱桃、棕榈等为主的经济果木林成为全省最大的林果产区；100 多万亩橡胶成为全省主要的橡胶产区；70 多万亩草果面积成为全国最大的草果产区；近 30 万亩棕榈面积成为全国主要的棕榈产区，加快了兴林富民步伐，农村经济得到不断繁荣，农民收入快速增加，2018 年年末，全州森林覆盖率达 50.25%，比 2012 年增加了 5.25 个百分点；林业产值累计完成 186.7 亿元，比 2012 年增长了 1.3 倍；林业产业基地规模达 1206 万亩，有用材林 500 万亩，有经济林 520 万亩，实现农民人均 4 亩以上特色林，农民从林业获得的人均收入达 2500 多元。红河州走出了一条绿山富民的双赢之路，林业精准扶贫迈出了成功第一步，为打赢脱贫攻坚战贡献了林业力量。

二、扶贫攻坚造林专业合作社模式

（一）贵州威宁县

为了加快脱贫攻坚生态扶贫的步伐，助力贫困户早日脱贫，2020 年，威宁县委、县政府要求各乡（镇、街道）以 50 人建档立卡贫困户为单位，成立脱贫攻坚造林专业合作社；100 人以上的就要成立 2 个合作社，以此类推。每位护林员除了要参与管护山林外，每年还必须完成 30 亩的荒山造林（退耕还林造林、重点区域绿化）任务，且成活率达到 80% 才算合格，每月领取 800 元工资，以后逐月上调 50 元；如果达不到标准的，则须补植补种。2002 年栽种的 3500 亩华山松，高的已经有 7m 了。这些已经成林的松树，单株有 70 多个松果，重达 100 多千克，按市场价每千克 2.6 元计算，每棵松树一年能实现 260 元的收入。每年，当地百姓仅捡松果卖就有几十万元的收入。成立脱贫攻坚造林专业合作社后，生态建设和脱贫攻坚的力度进一步加大，生态效益、经济效益和社会效益实现了更加紧密的结合。

（二）云南红河县

在新一轮退耕还林任务中，由于农户大多缺乏经营管理、产品销售、加工、运输、贮藏等相关技术和能力,在耕地相对集中连片的区域,云南省红河州通过成立专业合作社的形式,统一组织、管理、营销,直至分红。2019 年,红河县通过给予优先安排 5 万元小额扶贫贷款、整合营造林项目资金等方式在全县 13 个乡镇成立 13 家扶贫攻坚造林专业合作社,每个合作社每年退耕还林造林不低于 1000 亩。入社建档立卡贫困户每户每年实现不低于 1.2 万元的劳务收入,同时,积极支持和吸纳非合作社成员的建档立卡贫困户参与造林工程,通过项目实施每年带动 1200 户建档立卡贫困户稳定脱贫。

第四节　生态补偿扶贫模式

林业生态补偿扶贫为贫困群众带来各类政策转移性收入,包括退耕还林补助、森林生态效益补助等,也包括贫困人口被选聘为生态护林员而获得的工资性收入。该模式下主要有生态保护补偿模式和选聘生态护林员模式。

一、生态保护补偿模式

(一)贵州黔东南州

黔东南州公益林面积 1358.89 万亩,其中国家公益林 827.4 万亩,地方公益林 558.49 万亩,涉及 16 个县市,229 个乡镇,3356 个村,受益农户数 46.4 万户,受益人口 193 万人,其中受益的建档立卡贫困户 4.57 万户 13.5 万人。"十三五"以来,全州公益林森林生态效益补偿资金兑现工作持续推进。

一是森林生态效益补偿逐步提高。自 2016 年以来,国有的国家级公益林管护补助标准由原来的 5 元/(亩·年),逐步提高为 6 元/(亩·年)、8 元/(亩·年)、10 元/(亩·年);2020 年集体和个人的国家级公益林补偿标准,也在原来的基础上增加到 16 元/(亩·年)。贵州省地方公益林森林生态效益补偿标准由原来的 8 元/(亩·年)，2018 年提高到 10 元/(亩·年)，2019 年提高到 12 元/(亩·年)，2020 年提高到 15 元/(亩·年)，基本实现与国家级公益林森林生态效益补偿标准并轨。二是公益林森林生态效益补偿资金全部拨付到县。截至 2020 年年底，历年中央财政、省财政所有下拨资金以及州级地方公益林配套资金，共计 14.33 亿元，已全部拨付到县，资金拨付率为 100%，其中 2016—2020 年森林生态补偿资金 7.90 亿元。三是公益林森林生态效益补偿资金兑现大幅提高。"十三五"期间，黔东南州共计完成公益林森林生态补偿资金兑现 10.08 亿元（其中兑现 2016—2020 年度资金 6.88 亿元，新增兑现以前年度资金 3.20 亿元），兑现率提高为 86.97%，比"十二五"期间兑现资金 3.61 亿元递增 6.47 亿元，比兑现率 53.64% 提高 33.33 个百分比。

(二) 云南丘北县

为加快推进新一轮退耕还林工程，发挥绿色扶贫功效，丘北县及早部署，切实加强领导，明确相关责任人员，负起主体责任，做到目标、任务、资金、责任"四到位"，逐乡、逐村、逐户抓好工程任务的落实和启动实施，同时，提高建档立卡贫困人口的参与度和受益度，确保生态扶贫工程出成效。

丘北县精准落实生态补偿脱贫一批计划。加大生态保护修复力度，大力推进退耕还林还草、天然林保护、石漠化治理、水生态治理等重大生态项目，提高贫困人口参与度和受益水平。力争通过实施生态补偿项目，实现一批贫困人口脱贫致富。2015 年，实施新一轮退耕还林跨年度任务 1 万亩，项目涉及建档立卡户 76 户，面积 369.2 亩。2017 年实施跨年度新一轮退耕还林任务 3.5 万亩，涉及建档立卡户 317 户，面积 4784.3 亩；在双龙营镇太平流域开展石漠化综合治理 3.11 万亩，项目涉及 6 个贫困行政村、28 贫困自然村，带动 2167 人次贫；2014—2017 年，国家级、省级生态公益林补偿政策共惠及全县 92108 户 407967 人，其中，惠及建档立卡 12544 户 50004 人。2018 年，实施退耕还林任务 5

万亩，严格依据土地资源调查成果和乡镇土地利用总体规划，在25°以上非基本农田坡耕地上安排目标任务（耕地所有权为集体部分）。实行新一轮退耕还林补助政策标准，每亩补助1600元。

（三）广西隆林县

隆林各族自治县（简称隆林县）位于云贵高原东南边缘，其独特的地理位置和气候条件，孕育了丰富的林业资源。2020年脱贫攻坚以来，隆林把生态扶贫与脱贫攻坚重点产业项目工作有效衔接，通过退耕还林营造46.25万亩"绿色银行"，全面改进生态环境，获得国家补助资金5.33亿元，9万多人获得退耕补助，人均已获得5900多元；巩固前一轮退耕还林14.68万亩和新建新一轮退耕还林2.5万亩，获国家退耕还林补助1515.84万元，退耕贫困户每年每人可从退耕还林补助中直接收益400元，退耕后剩余劳力输出每户每年可收入3000余元劳务费。

二、选聘生态护林员模式

（一）贵州平坝区

2017年以来，贵州省平坝区开展了选聘建档立卡贫困人口担任生态护林员工作，选聘以具有一定劳动能力，但又无业可扶、无力脱贫的建档立卡贫困人口为对象，通过健全完善帮扶长效机制，做好林业精准扶贫、精准脱贫工作的有机衔接，确保辖区内森林资源得到有效管护和聘用的生态护林员稳定脱贫，努力实现绿水青山得守护，贫困人口有收入。截至2019年年底，全区累计完成了755名建档立卡贫困人口生态护林员的选聘工作。一人护林，全家脱贫，生态护林员正成为一种新职业，在全区林业生态扶贫中发挥着重要作用。

2020年6月，针对2019年度已聘建档立卡贫困人口生态护林员聘期将满的实际，平坝区启动了新一轮生态护林员选聘续聘工作，在严格执行"县建、乡聘、站管、村用"的生态护林员管理体制基础上，平坝区充分总结提炼前期工作中好的经验和做法，积极探索建档立卡贫困人口生态护林员聘用期全流程档案化管理新模式。在这一新模式下，一是做严一档一库,把好选聘"入口关";二是做细学训档案,把好业务"培训关";三是做实档案管理,把好绩效"监管关"。平坝区通过狠抓3个"关口",充分发挥档案工作基础性、支撑性和拓展性作用,持续巩固脱贫攻坚成果,全力抓好脱贫任务清零工程。

(二)云南宁洱县

针对贫困人口主要分布在山区,山区又是生态建设主战场的实际情况,宁洱县在安排国家重点生态工程任务和造林补贴、森林抚育等项目资金时,重点向贫困地区倾斜,在有效改善当地生产生活条件的同时,吸纳更多有劳动能力的贫困人口通过参与生态保护建设获得收入,帮助贫困人口实现"到山上就业、家门口脱贫"。

自2016年起,宁洱县每年从全县建档立卡贫困人口中选聘生态护林员275人直接参与森林资源管护,每人每年可获得8000元的劳务报酬,共发放生态护林员管护工资440万元;聘用公益林管护人员、天保林管护人员、林业助理员、季节性巡山员和扑火队员1991人次,兑付管护费615.8万元,其中建档立卡户156人次,兑付管护费54.32万元;从建档立卡人口中选聘了公益林、天保林巡山员等管护人员105人,共兑付管护费58.27万元。2017年,通过选聘生态护林员、巡河员、卫生保洁员、道路管护员,共配齐各类生态环境管护人员888人,其中建档立卡人口384人,每人每月可获得300元的劳务报酬。在进一步加强生态环境保护和提升人居环境的同时,宁洱县多渠道、多层次、多方面提升贫困群众收入,达到了精准带动贫困人口脱贫目的。

(三)广西罗城县

近年来,罗城县全面做好森林资源管理保护,推动扶贫开发与生态保护相协调、脱贫致富与可持续发展相促进。全县森林资源得到有效保护,2019年森林覆盖率提高到70.28%,林业生态建设提质增效,带动13970户41910名贫困人口如期脱贫。

在选聘生态护林员过程中,罗城县严格筛选,抓好培训,组建高素质护林员队伍。其制定了严格的生态护林员选聘、考核管理办法,建立和完善"县建、乡管、村用"层级管理机制，选择能胜任野外巡护工作的人员。通过申报、审核、考察、评定、公示和聘用等流程开展选聘，严格审核把关。实行"一月一考核、一季一评分、年度总评比"的考核机制，将考核结果与报酬挂钩，实行管护劳务费差额化管理，进而增强生态护林员的责任担当意识，落实好自身管护职责。积极开展全员技能培训，每年为生态护林员提供不少于2次的安全生产、林业技术等业务培训，牢固树立护林员的安全意识、明确工作职责，熟练掌握巡山护林、森林防火、森林病虫害等知识。截至2019年年底，全县共聘用生态护林员4950名，均为建档立卡贫困户；共开展培训80期，培训6536人次。罗城县还鼓励护林员参与林下种植、林下养殖、森林旅游等建设项目，进一步拓宽生态护林员的增收致富渠道。

第五节 林下经济扶贫模式

在集体林权制度改革后，农民拥有了林地的使用权和林木的所有权，但受限于木材采伐限额制度，农民只拥有不完全的处置权，还有部分分到户的集体林由于是生态公益林而无法进行正常经营。发展林下经济克服了农民经营林地投入高、收益周期长和风险大等缺点，拓宽了农民经营林业的收入来源。通过发展林下种植业、养殖业、采集业和森林旅游业来促进当地经济发展，加快当地脱贫减贫是另一种扶贫模式。

一、贵州六盘水市

六盘水市为全力推进林下经济发展，不断摸索创新，探索出"引领性、示范性、属地性、主动性、可调性、资源性、可持续性"的工作思路，本着"规模化、产业化、市场化、生态化、效益化、合作化"等"六化"原则，采取"林场（林地）+公司+农民专业合作社+农户"的模式，让林下经济发展实现"由小变大、由弱到强"的华丽转身。

如六枝特区花德河国有林场，通过引进贵州鸿霖农业科技有限公司结合"三变"改革，发展林下仿野生种植食用菌 110 亩，主要有猴头菇、平菇、香菇、灵芝等 15 个菌种，带动周边农户 10000 余人参与种植，种植的成品菌由公司统一回收。为了延长产业链，鸿霖公司还将栽培出来的新鲜菌进行深加工，已生产出猴头菇面条、辣椒酱菌丝、鸡肉菌丝和菌油等产品，每年带动当地村民务工 6000 人次，为当地农户每年创收 60 万元，充分调动了当地农户参与发展的积极性。与此同时，通过充分盘活林地资源，引进贵州神农源农业科技有限公司在林下种植中药材黄精、重楼、三七、白及等 621 亩，投入资金 680 多万元，共带动周边农户 13000 人参与发展，国有林场发展充满活力，改革红利惠及千家万户。

二、贵州施秉县

施秉县结合独有的资源环境，大力发展林下虫草鸡养殖，2018 年流转"虫草鸡"养殖山林 21 万亩，出栏"虫草鸡" 100 万羽，"虫草鸡"不仅调优了产业结构，也助推了生态禽产业转型升级，促进了农户增收脱贫。

位于黔东南第二高山佛顶山下的马溪乡九龙村，生态植被富饶，但人均耕地少，全村 206 户贫困户中有 90 户通过易地搬迁实现了脱贫，但剩余的一些贫困户如何脱贫成了急需解决的问题。2018 年，该村利用优越的山林条件，在贫困户量化资金、中投帮扶资金、浙江临安东西部扶贫协作项目共同推动下，投入 360 万元的"中投·京东跑步鸡"项目落地九龙村，并很快建成投产。该项目成片流转一些贫困户的闲置土地、山林共计 200 多亩，每亩土地流转费 400 元，每亩山林流转费 30 元，农户通过流转土地获取收入 4.2 万元。鸡在 160 天之后，京东进行回收，通过线上、线下销售模式，2019 年，农户出售了 6000 多羽京东跑步鸡，实现销售额 47 万元，纯利润 12 万元。在该县城关镇的白塘村赖洞坝组，同样利用 320 亩高山林地，于 2018 年发展了 6000 多羽虫草鸡养殖实现了产业增值。产业抱团还带动了大塘村和小河村 105 户贫困户加入了"易地产业"，按照保底 8% 分红、销售盈余再分红、社员劳务等形式，2018年社员实现分红8万元，社员分红少的有500元，多的达到两三千元。

三、广西金秀县

金秀县凭借得天独厚的自然条件，将中草药纳入县级"5+2"特色产业的2个自选产业之一，并按照"山上种药，山下制药，山中康养"的发展思路，大力发展中草药林下种植产业。目前，金秀县中草药种植面积10.93万亩，其中贫困户占4.33万亩。建成瑶药材种植基地12个，其中香草岭瑶药材种植基地、共和黄花倒水莲种植基地被评为广西第一批中药材示范基地。仅此一项，就有9600户3.37万人受益，每年人均增收3800余元。为解决销售难题，金秀县引进大参林医药集团股份有限公司并与其签订产销协议，该公司以市场价收购群众种植的中药材，形成"企业+基地+农户"的产业发展模式。同时，在金秀县工业集中区建设民族医药健康产业园，设立瑶医药科技孵化基地，成功引进汇萃本草等15家瑶药生产企业。

四、广西平果市

近年来，平果市充分发挥农业产业在推进群众增收和巩固脱贫攻坚的核心作用，大力推进绿色生态养殖业发展，以产业促增收、以增收巩固脱贫成果。其中林下养鸡产业就是一条"短平快"的致富路。2019年以来，全市新建乡村扶贫县级（乡镇）集中养殖基地项目14个，建成246个鸡场，集中养殖基地项目产业覆盖全市贫困户3503户，全年养殖累计出栏肉鸡249.15万羽。2019年，全县肉鸡总出栏3756.86万羽，产值近12亿元。

平果市以林下养鸡集中区建设为带动，全市整体推进，因户施策，因地制宜，引导贫困户自主选择养殖及就近入园，从事林下养殖产业发展。针对建立集中区养殖户关心的水电路、分散养殖修路难、建鸡舍难等难题，平果市出台相关扶持政策，切实解决新建、扩建集中区通水、通路、通电等相关基础设施建设及新建鸡舍的补助。产业园区先后引进广西富鹏农牧有限公司、平果凤翔畜禽有限公司、广西百色市参煌养殖有限公司等企业，由公司统一供应鸡苗、统一供应饲料、兽药、统一技术标准、保价回收肉鸡，贫困户只需提供场地、劳力和向公司缴纳一定的风险抵押金，按公司指导进行饲养管理，在市场主体与农户间形成股份分红、利润返还、风险共担、利益共沾的紧密利益联结。与富凤集团签订了平果市富凤特色产业扶贫示范园——种鸡繁育示范园建设项目协议，项目占地79800m²，投资2.8亿元。项目建成投产后，年存栏种鸡80万套，年产鸡苗1.2亿羽，年饲料生产加工65万t，可新增带动贫困群众2100户近1万人发展养鸡，户年均增收8万元以上。实现300多户贫困户就业，提供1000多人的就业岗位。

五、云南砚山县

近年来，砚山县坚持"产业发展生态化，生态建设产业化"的发展思路，坚持"造"与"管"齐头并进，通过"公司+基地+农户"等模式，大力发展林下经济，实现山林绿起来、农民富起来。

立体化林下种植让山坡变"绿"。开展林下种草、种经济作物、种植中草药、林菌套种等立体化种植，让山林更绿。如盘龙乡采取"公司+基地+合作社+农户"模式，在翁达沙子坡发展种植油橄榄1491亩，同时发展林下种植辣椒、花生、玉米等作物1393亩，促进群众年增收140万元，实现林下、林上经济齐发展。循环化林下养殖助农民致"富"。以"短"养"长"，发展"林下养禽""林下养畜""林下种菌""林下种药"等立体循环种养殖业，增加林地产值帮助农民致"富"。如者腊乡采取"公司+基地+合作社+农户+市场"方式，引进公司成立农民专业合作社，投资4768万元发展云盘山林下草场4万亩，建成标准化牛舍5500m²、羊舍1000m²，带动周边2个村委会160户农户(建档立卡户41户)养殖肉牛863头、本地黑山羊1000头，年可实现销售收入1500余万元，带动农户年均增收240万元，户均增收1.5万元，实现生态保护与养殖良性循环发展，公司、合作社、农户互惠多赢和社员零风险的目标。

六、云南会泽县

会泽县为进一步盘活林下资源，促进林农增收致富，多举措发展林下经济。一是做实基层基础。做好水、电、路等基础设施建设，县林业和草原局多次为种植企业解决用水、用电困难等问题；做好菌种研发，切实解决缺种、品种杂乱等问题。二是强化规划引领。坚持先易后难，优先对现有开发条件相对较好的165万亩商品林和"百万亩"核桃基地作为林下资源开发推进重点；坚持突出重点，高度重视具有实力林下资源开发企业的引进、专业合作社和大户的培育以及示范基地的建立。三是注重考察学习。多次组织人员赴多地考察学习全国各地林下经济发展势头较好的林业产业；县林业和草原、扶贫等部门多次组织开展林下经济发展技术培训。四是突出招商引资。把招商重点放在种植、养殖大户及企业，充分考虑大户及企业的需求，及时包装项目，加大招商引资力度，共包装项目30个，招商引资项目资金总额达4亿元。五是树立典型示范。重点培育林下经济示范企业，通过规模化、专业化、规范化运作、多元化投入，探索以农民、企业、社会为主体的多元化林下经济发展投入机制，推广"公司+基地+合作社"经营模式，建立仿野生栽培、种植等一批符合本县特色农业发展方向、农户带动面广、市场竞争力强、组织制度规范的示范社和示范基地。

截至2019年年底，全县林下经济发展有效利用林地9000余亩，全县林下种植规模已达3000亩以上，林下养殖规模达50万头（只）以上，年产值已实现6000万元以上；林下产业吸收农村贫困劳动力就地就业1200人，带动周边贫困户户均年增收1万元以上，林下经济的快速发展为地方经济增长、林农脱贫致富做出重大贡献。

第六节 生态旅游扶贫模式

乡村生态旅游作为助推农村脱贫、农业振兴和农民增收的中坚力量,与脱贫事业深度融合,无疑是提升乡村经济水平、帮助农民摆脱贫困的重要产业和推进精准扶贫的重要方式。深入挖掘贫困地区的生态旅游资源,不仅可以为当地经济发展注入生机和活力,迅速改变贫困地区的面貌,走出一条旅游资源开发与脱贫致富相互融合的新路,还可以给贫困地区人口带来很多商机,增加贫困户脱困渠道。

一、贵州水城县

六盘水市水城县海坪彝寨生态移民是政府主导的易地搬迁扶贫项目,是从生存环境恶劣、生态脆弱地区迁移到生态环境和基础设施条件较好的地区,实质是生产力的迁移,生产要素的重组,生产方式的转变,一定范围内生产关系的重建。海坪彝寨则是一个搬出来的生态移民村寨,通过"生态移民+村落建设+乡村旅游"的扶贫模式,实现了搬迁一个寨子、打造一个景区、富一方百姓的愿景,走出了一条成功的易地扶贫搬迁、生态旅游发展新路。其主要做法:一是创新经营乡村理念,找准美丽乡村建设方向,奠定生态旅游发展基础。二是创新农业产业平台建设,发挥本土资源优势,助推产业发展脱贫。三是创新村党支部建设,筑牢党支部脱贫攻坚战斗堡垒作用。四是注重文化建设,营造乡愁记忆。

二、贵州惠水县

以村为景,以文化为魂,让世界倾听"好花红"。黔南州惠水县好花红村因歌而名,是中国十大民歌著名布依族小调《好花红》的发源地,一曲《好花红》传唱上百年。借助大数据东风,好花红村将"农村变景区、村民变创客、民房变客房、产品变商品",形成了"数字村庄+民族文化+乡村旅游"的扶贫模式。大数据带来了好花红村的变化,生态旅游扶贫"好花正红"。其主要做法:一是创新数字村庄建设,助推乡村旅游转型升级。二是创新产业融合,乡村旅游新业态助推扶贫蓬勃发展。三创新乡村文化建设,激发文化创新扶贫活力。四是创新旅游发展形象定位,提高旅游扶贫知名度。

三、广西龙胜县

龙胜县充分依托桂林市旅游客源丰富的优势，坚持把生态旅游业作为支柱产业、核心产业、品牌产业和健康产业来打造。龙胜县实行全域旅游生态产业扶贫模式的有金江黄洛、白面瑶寨、平安壮寨等。其中龙胜镇龙脊大寨村是一个典型案例。

大寨村发展旅游扶贫的主要运作模式有 2 种：第一种是入股开发乡村旅游资源。当地政府组织动员群众以大寨村驰名的龙脊梯田景观资源为股份，与旅游开发公司签订旅游发展协议，共同发展田园、林园综合体旅游。在平安、龙脊、大寨等 3 个核心村，旅游公司每年按门票收入的 7% 返还给各村的旅游管理委员会，由村旅游管理委员会给村民"分红"。仅大寨村 2016 年就分红 473 万元，以该村 293 户 1204 人计算，最多一户可分到 4.35 万元，最少的一户也可分到八九千元，村民人均可"分红"3928 元。第二种是采取"公司+贫困户"的方式，助力困难群众在家门口就业。截至 2017 年 8 月，大寨村村民参与的旅游扶贫开发公司有索道公司、运输公司、电瓶车观光专线、保洁公司等。这些公司根据各自的特点和经营范畴，吸收了周边村庄的大量贫困群众从事与旅游业相关的养殖业、种植业和食品加工业，发展农家乐等产业，切实解决贫困户的就业问题。2016 年，仅龙脊公司就吸纳当地贫困群众 120 多人就业，保洁公司吸纳贫困群众就业 60 多人。

四、云南腾冲市

近年来，腾冲市把扶贫工作全面融入旅游品牌化和全域旅游发展大格局，紧抓景区带动，产业融合，示范带动，积极引导群众由旁观者、局外人变为参与者、服务者和受益者，通过旅游带动群众增收，旅游扶贫取得了明显成效。

一是将 33 个建档立卡贫困村列入乡村旅游贫困村名单，重点推出马站和睦茶花村、界头大园子油菜花海、猴桥国门新村、中和新岐、清水中寨等乡村旅游新景点，打造出温泉、茶园、民宿、采摘园、户外运动等乡村旅游新业态。二是通过景区门票优惠、组织户外活动等措施，激发群众的"腾冲"情怀和自觉参与、支持旅游发展的热情。三是开展多样化的旅游扶贫模式。结合不同情况，有针对性地创新扶贫载体，争取旅游扶贫效果最大化。通过旅游扶贫实践，鼓励农户采取"景区+农家"模式，以景区景点为依托，鼓励周边农民包装农家庭院建筑，发展特色农家乐和特色客栈，参与旅游接待服务，初步形成以和顺、江东银杏村、北海为代表的景区与农家互促共荣的乡村旅游发展格局。四是以旅游拉动就业，提高群众参与旅游产业发展的组织化程度。积极探索建立"政府主导、市场主体、全民参与"的模式，形成"大旅游、大联动、大产业、大家做"的浓厚氛围，探索"以旅扶贫""以旅富民"的新路子，真正让村民吃上"旅游饭"，带动群众增收。

第七节 对口支援扶贫模式

林业对口支援扶贫主要有 2 种方式：一是上级林业部门对贫困地区的支援；二是发达地区对贫困地区的支援。

一、林业部门对口支援

(一) 国家林业和草原局——广西龙胜、罗城和贵州独山、荔波

2015 年 8 月，国家林业局开始定点精准帮扶广西龙胜县与罗城县、贵州独山县与荔波县 4 个国家级贫困县。2018 年，国家林业和草原局印发《关于进一步加强定点扶贫工作的意见》（以下简称《意见》），提出认真落实与中央签订的"中央单位定点扶贫责任书"，统筹项目、资金、人才、技术、信息等扶贫举措，帮助广西龙胜县、罗城县、贵州独山县、荔波县在 2019 年年底前全部实现脱贫摘帽。

加强定点扶贫工作的主要任务包括完善林业定点扶贫机制、强化生态扶贫举措、购买和帮助销售农产品、加大金融支持力度、创新帮扶机

制模式、加强督促检查指导等 6 项。《意见》提出，完善省、市（州）、县、村 4 级挂职干部帮扶机制，向深度贫困县加派挂职干部。实施生态补偿扶贫，优先将定点扶贫县集体和个人所有的天然商品林纳入天然林全面停伐管护补助范围，支持在定点扶贫县设立生态护林员工作岗位 1 万个以上。抓好国土绿化扶贫，2019 年年底前定点扶贫县符合现行退耕政策且有退耕意愿的耕地全部完成退耕还林还草，优先将定点扶贫县符合政策的湿地自然保护区和湿地公园纳入湿地保护补助范围。推动生态产业扶贫，确立各定点扶贫县主打特色产业，将 4 个定点扶贫县全部列入全国森林旅游示范县。强化科技扶贫，科技推广示范项目向定点扶贫县倾斜，帮助定点扶贫县培训乡土专家和技术能手。组织职工从定点扶贫县购买农产品，推荐和帮助销售农林特色产品。加大对定点扶贫县生态产业项目资金投入力度和贷款贴息力度，协调有关金融机构给予长周期、低成本的金融产品。开展支部共建、结对帮扶、捐款捐物和青联活动。加强对定点扶贫工作和林业草原扶贫资金项目监督检查。

（二）广西壮族自治区林业局——百色隆林县

广西壮族自治区林业局对口帮扶隆林县新州镇马雄村、新州镇民德村、蛇场乡新寨村、介廷乡弄昔村、岩茶乡龙台村、桠杈镇忠义村，涉及 81 个自然屯 2660 户 11493 人，2016 年建档立卡贫困户 723 户 2959 人。2015 年以来，自治区林业局积极推动精准帮扶与乡村振兴战略有效衔接，助力隆林县全面打赢脱贫攻坚战。

2016 年，新州镇马雄村 49 户贫困户注册成立隆林马雄种养专业合作社，自治区林业局投资 100 余万元建立了 110 亩标准化沃柑种植示范基地（一期工程）。目前，一期工程的沃柑已进入丰产期，年亩产沃柑 1500~2000kg。2017 年 5 月，由自治区林业局、派阳山林场筹建的桠杈镇忠义村黄牛生态循环养殖示范基地投入运营。在养殖示范基地的带动下，忠义村 50 户农民养殖黄牛近百头，有效增加收入。同时，基地大量收购牧草，为贫困户增收 23 万元，最高一户年收入达 1.2 万元。2018 年，高峰林场投资 50 万元，为忠义村集体建设了 2000m^2 的香菇种植大棚，提供菌棒 5.4 万棒。2019 年，香菇大棚生产干菇 1500kg，为忠义村集体经济增收近 27.75 万元，同时稳定解决 6 户贫困户就业问题，每户增收近 2 万元。2015 年以来，自治区林业局根据对口帮扶贫困村实际情况，因地制宜发展特色优势产业，13 家区直国有林场、广西林业科学研究院、广西林业设计院等后援单位投资 2000 余万元，利用"企业（林场）+基地+贫困户"的管理模式，开展了 10 余项特色种养项目，通过大中小、长中短相结合，帮助每个贫困村培育 1~2 个特色产业。

二、发达地区对口支援

（一）浙江淳安——贵州剑河

2018 年以来，淳安县林业局根据"剑河所需淳安所能"总的帮扶要求，严格把关，择优选派，先后派出林业技术骨干挂职帮扶 8 人次，其中中层干部 5 人次，副高以上职称 3 人次；派出林业技术员赴剑河技术交流 12 人次；妥善安排剑河赴淳安挂职及林下经济发展示范户交流学习 16 人次，两地林业部门的互派交流和学习为剑河林下经济特别是林下中药材发展提供了智力支持。

2018 年 10 月，在淳安县林业局援剑 4 人小分队深入剑河县乡镇村寨调研的基础上，两地林业部门启动了林下中药材引种示范共建项目。2 年来共建成林下套种黄精、前胡示范基地 6 个，面积 180 亩，累计赠送黄精块茎种苗 6300kg，前胡种子 40kg。林下中药材的引种示范进一步推动了剑河林下中药材的种植推广，目前辐射面积已达 20805 亩，为脱贫攻坚和今后乡村振兴奠定了产业基础。此外，为尽快推动林下经济发展，培育一批有文化、懂技术、会经营的乡土林业技术人才和农民技术员，2018 年以来，结合剑河县需求，淳安县林业局挂职帮扶人员在当地林业部门的组织下先后开展林下中药材栽培技术培训班 5 期，种植技术培训现场会 2 次，深入基地一线开展技术指导 60 余人次，受益林农达 600 余人，培育了一批林下种植黄精、重楼等示范户和农村致富带头人，为剑河壮大林下经济发展提供了技术保障。

第八节　林业科技扶贫模式

林业科技扶贫主要通过发挥技术、人才、项目方面的优势，瞄准贫困地区实际需求，转化实用技术、扶持支柱产业、建立服务体系、培养乡土人才、提高创新能力。林业科技扶贫工作提升了贫困地区干部群众依靠科技管理、自力更生脱贫致富的能力，对促进当地经济社会加快发展起到了重要的推动作用。

一、贵州独山县

2020 年 5 月 20~23 日，国家林业和草原局科学技术司组织林草科技扶贫专家服务团赴贵州独山开展科技扶贫工作，中国林业科学研究院研究员张华新带领 9 名科技服务人员跟随服务团赴独山开展科技扶贫工作。

为全面推进刺梨、油桐、山苍子等林产品生产、销售一条龙服务，科技服务人员开展了全产业链帮扶，重点从基地良种选择、高效栽培、病虫害防治、加工利用等技术领域以及产业配套、产品市场等产销环节进行全产业链技术咨询和精准指导，解决林农和企业迫切需要解决的关键技术问题和市场难题。针对产品滞销和产销对接问题，科技服务人员发挥自身资源优势，积极联系产业技术创新联盟成员单位以及相关企业，搭桥牵线，对接产品加工、销售事宜等。在与独山县委、县政府的座谈会上，科技服务人员针对独山林业产业发展方向，建议加快技术更新换代，延长产业链，增强产品附加值，推进企业提质增效；针对扶贫长效机制，建议加强林农技术培训，培育致富带头人，培养一批高素质的农技人员；针对市场问题，建议主抓特色产业，细分市场供需，搭建销售平台，发挥新兴媒体作用，加强产品宣传，拓宽销售渠道等。

二、广西西林县

近年来，西林县强化科技引领大力发展油茶产业，助推油茶产业转型升级，促进林地增效和农民增收，为实现高质量脱贫奠定坚实基础。

一是科技合作提升技术含量。为加快科技成果应用，2017年在自治区尚未提出使用大杯良种苗木要求时，西林县就在油茶优惠政策中明确示范基地造林苗木必须使用2年生以上大杯苗的规定。同时，西林县主动对接广西林业科学研究院、百色市林业科学研究所搭建油茶技术分享平台，围绕油茶产业发展良种选育、丰产栽培、病虫害防治等开展一系列技术攻关合作。二是科技支撑提升示范建设。采取规范坡改梯、采用良种苗木、保持种植密度、实行水肥一体化建设及施肥量等一系列技术要求，走油茶发展集约经营路径。三是科技培训提升效益质量。积极组织技术人员通过建群指导、现场培训、深入实地、召开会议等多种方式开展督促指导和技术咨询，加大技术培训力度。截至2019年年底，该县通过邀请自治区林业局、广西林业科学研究院专家到西林开展专题培训2次，培训人员260人。同时，组建县、乡、村三级油茶产业技术推广服务队伍，并每年都统一安排时间开展专题培训和委派专业技术人员到各乡镇、各贫困村开展油茶种植技术培训指导，累计开展专题培训12期，培训群众800多人次，组织现场观摩学习7期，现场培训560多人次。四是创新模式提升脱贫质量。采取"公司+基地""公司+基地+林场""集体经济""代种代管""利益分配"等多种形式发展油茶产业，如代种代管模式，即由农户出土地、能人先出资种植管护3年，等达到合同约定产量后群众才按合同约定支付相关费用，该模式解决了农户特别是贫困户发展油茶产业资金短缺和技术薄弱等难题。

三、云南华宁县

华宁县作为云南核桃传统栽培区之一，核桃种植历史有700多年，品种资源丰富，其中，'大白壳'核桃、'大砂壳'核桃为省级审定良种，截至2019年12月，全县核桃种植面积28.17万亩，年产78.68万kg，年产值1033万元，核桃成了山区群众增收的传统产业。近年来，伴随核桃市场价格大幅下滑，核桃产业进入增产不增收困境，为寻找核桃产业脱困新途径，华宁县争取到2020年中央财政林业科技示范项目"华宁大砂壳核桃科技扶贫示范"。2020年12月，华宁县林业和草原局在华宁县青龙镇举办核桃冬季管理技术培训，县、乡（镇、街道）林业技术人员、乡村护林员、核桃种植大户共128人参加培训，其中，贫困建档立卡户10户，该次培训通过借助示范项目，推进核桃种植标准化、管理科学化，促进核桃产业化发展。培训特邀云南省林业和草原科学院专家主讲，在华宁县青龙镇革勒村委会大石洞小组的核桃示范基地，专家简要介绍全国核桃产业发展情况，鼓励广大农户通过核桃林下种植、养殖以增加收入，详细讲解核桃整形修剪、土壤施肥、病虫害防治等核桃冬季管理技术，同时，培训班发放《华宁大砂壳核桃提质增效技术》130多本。

第六章
广西石漠化片区与林业扶贫研究

第一节　广西石漠化片区概况

根据《中国农村扶贫开发纲要(2010—2020年)》对连片特殊困难地区进行集中扶贫开发的要求，2012年，国务院扶贫开发领导小组和国家发展改革委联合编制了《滇桂黔石漠化片区区域发展与扶贫攻坚规划》。列入《滇桂黔石漠化片区区域发展与扶贫攻坚规划》的广西石漠化片区(以下简称"广西片区")包括南宁、桂林、柳州、河池、百色、崇左、来宾7个市的35个县(区)，片区国土面积10.02万 km^2，占全区土地总面积42.2%。

一、自然概况

广西片区主要集中在广西的西南和西北地区，是云贵高原向丘陵过渡区，北靠贵州、湖南，西与云南相连，西南与越南接壤；片区位于地处珠江、长江上游，两江流域重要的水源涵养区；片区境内水资源丰富，包括柳江、珠江、左右江、红水河等在内的多条河流流经该区。土壤多为碳酸盐岩溶蚀发育而成，以石灰岩和白云岩为主。

广西片区矿产资源种类繁多，有色金属和稀土资源储量丰富，是我国的有色金属之乡。其中，锰的总储量占全国的22.55%，膨润土探明储量6.43亿t，是我国最大的膨润土矿床。同时，广西片区属亚热带湿润季风气候区,日照时间长,物种资源丰富。甘蔗、水果、蔬菜、桑蚕、油茶、茶叶、速丰林、中药材、香猪、黑山羊、水产、家禽、草食动物等特色农林品种繁多,是广西重要的农产品产区。

二、社会经济发展现状

广西片区总人口1246.4万人,占全区总人口24.2%,有壮、汉、瑶等11个世居民族,占片区人口总数82%。

进入21世纪以来,广西片区经济保持稳定较快的增长,2010年,地区生产总值、财政收入、固定资产投资分别达到1438.9亿元、145.6亿元和1410.2亿元,比2001年分别增加了2.8倍、2.8倍和12.8倍;粮食产量稳步增加,人均粮食占有量249kg,甘蔗、桑蚕茧、水果、蔬菜等特色农业初具规模,铝、锰、农产品加工等资源型产业不断壮大,旅游业快速发展;交通条件不断完善,铁路营运里程916km,公路总里程36376km,每百平方千米公路里程36.3km,高速公路通车里程516km,各县均通二级及以上公路,基本实现乡乡通油路,村村通公路;社会事业不断推进,农村儿童入学率达到99%,高中阶段教育毛入学率达63%,新农村合作医疗的参合率达到93%,农村低保覆盖面不断扩大,片区人口增长过去的趋势得到有效的抑制(表6-1)。

表6-1 2001—2010年广西片区经济社会发展情况

指标	2001	2010	年均增长率(%)
地区生产总值(亿元)	374.4	1438.9	11.5
其中:第一产业增加值(亿元)	139.2	328.1	5.9
第二产业增加值(亿元)	103.4	697.5	17.4
第三产业增加值(亿元)	131.9	413.4	12.2
财政收入(亿元)	38.4	145.6	16
其中:一般预算收入(亿元)	26.5	68.8	11.2
全社会固定资产投资(亿元)	102.3	1410.2	33.8
城镇居民人均可支配收入(元)	4002	14745	15.6
农村居民人均纯收入(元)	1344	3647	11.7
城镇化率(%)	18.3	29.6	

三、贫困状况

广西石漠化片区是广西经济发展落后地区,也是广西乃至全国扶贫开发的重点区域。2001—2010 年,中央、自治区共安排财政专项扶贫资金 112.3 亿元投入片区,使得片区农民收入大幅提高。然而,广西石漠化片区仍呈现出贫困面广、程度深的特征。2012 年广西石漠化片区县农民人均纯收入仅为 4378 元,相当于全区平均水平的 72.9%、全国的 55.3%;片区农村贫困人口 623.8 万人,约占全区贫困人口总数的 62%;贫困发生率 51.8%,分别高于全区、全国平均水平的 27.9、38.4 个百分点。

贫困人口主要集中在自然条件较差、社会事业滞后的大石山区、边缘高寒山区和资源匮乏地区,人口素质偏低,增收困难,贫困面积大,部分地区已经脱贫的群众极易返贫。

第二节 广西石漠化片区林业发展优势

一、林业资源丰富

广西石漠化片区自然景观神奇秀丽,山水文化旖旎多姿,民族风情浓郁独特,生态环境优美秀丽,物种资源丰富多样,是广西森林资源比较集中的地区。这些丰富的资源一旦进行森林生态旅游开发,发展林下经济,具有广阔的前景。

广西片区拥有风光旖旎的喀斯特地貌自然景观。百色市乐业县的乐业天坑群是目前世界上发现天坑数量最多、分布密度最大、最集中和坑底原生态植被发育最好的岩溶天坑发育区,堪称"岩溶天坑博物馆"。桂林市龙胜各族自治县和平乡龙脊村有着"天下第一梯田"的龙脊梯田始建于元代,经过 600 多年的不断开发,有土之处均辟为梯田,有水之处均修出沟渠,形成小山如螺、大山像塔、山间似练的奇特景观,"层层梯田绕山村,条条渠道汇清泉"的人造地貌,堪称"天下一绝"。

广西片区也是少数民族聚居地区,人文景观绚丽多彩,民族文化底蕴浓郁。有着"最具广西文化符号"的刘三姐歌谣入选第一批国家级非物质文化遗产名录,经过《印象·刘三姐》打造后正式对外演出,成为世界级的民族文化艺术精品,开创了全国、全世界的大型山水常年实景演出先河,成了桂林旅游业和文化产业有机结合的新型经营管理形式。

此外,广西是中草药资源大省份,中草药物种近5000种,居全国第二位,广西药用植物园是亚洲最大的药用植物园。民族医药在多年实践中形成了一系列独特的诊疗技术和方法,壮药线点灸、经筋推拿、药物竹罐、刮疗、针挑等广泛应用于壮瑶医疗临床,正骨水、云香精等逐渐形成品牌。蚕茧、松脂、八角、肉桂等产量全国第一,人工林、速丰林、经济林面积全国第一。广西还是中国沙田柚、月柿、罗汉果、芒果、茉莉花等特色产品之乡。

二、气候条件优越

广西片区地处低纬度地区,属亚热带季风气候区,日照时间长,年积温较高。年平均日照时数为1600~1800h,日照全年分布适中,冬季略少于夏季。年平均气温在17~23℃之间,1月6~16℃,7月25~29℃,无霜期多在300天以上,是全国最高积温区域之一,为喜温作物的生产提供充足的热量资源。等温线基本上呈纬向分布,气温由北向南递增,由河谷平原向丘陵山区递减。

广西片区是全国降水量最丰富的地区之一,年均降水量1100~1500mm,4~9月为雨季,其降水量占全年降水量的70%~85%;10月至翌年3月为干季,降水量仅占年降水量的15%~30%,干湿分明。冬无严寒、夏无酷暑、雨热同季、无霜期长、水热条件优越等,使得该区域适合桉树、杉木、马尾松等速生林,油茶、核桃、八角、枇杷、板栗、油桐、杜仲等经济林,猕猴桃、苦丁茶、亮叶杨桐、厚朴、肉桂、杜仲、苏木等藤本饮料树种的生长。气候条件优越为片区石漠化治理和林业产业发展奠定了良好的基础,也为扶贫项目的实施提供了稳定的保障。

三、劳动力资源丰富

广西石漠化片区拥有大量的农村剩余劳动力,而资金、技术等要素相对稀缺。超过农业生产的过剩劳动力并不能增加社会财富,但却要参与社会财富的分配,大量劳动力滞留造成资源浪费,农民增收困难。然而,林业为劳动密集型行业,其生产经营主要依靠大量劳动力资本,而对技术、资金、设备等依赖程度相对较低,林业相当部分的人工作业具有不可替代性,发展林业是促进农村就业和农民增收的重要途径。

广西片区由于地处山区,贫困农民长期以来依靠山林生活,在生产生活实践中积累了较为丰富的营造林和管护林的技术经验。近年来,各地政府将生态建设放在极其重要的地位,依托地方特色优势资源,加大对林业产业建设投资力度,加强农民种养殖技术培训,使得当地农民具备较强的林业生产素质,为林业发展提供了相对质量较高的人力资源。

第三节 林业对农民收入影响的作用机制

一、林业各类补贴对农民收入的影响

广西石漠化片区是我国林业工程的重要实施区域之一。国家为推进退耕还林、生态公益林、珠江防护林等重点林业工程的实施,制定了一系列的补助政策作为配套措施,这些补助政策直接增加了农民收入。以退耕还林工程补助为例,我国于1999年开始试点,2002年全面启动,补助标准为退耕户每年每亩获得粮食150kg和现金20元。2004年,为更好地贯彻落实退耕还林补助政策,国家将粮食补助改为现金补助,退耕地每亩每年补助现金105元,原有的20元现金补助保持不变,国家将补助直接发放给退耕农户,补助管护任务挂钩。2014年,国家发展改革委与财政部、国家林业局等部委对广西、云南等8省份安排实施了新一轮退耕还林任务,工程重点针对25°以上的坡耕地安排退耕,不再

区分生态林与经济林,并对退耕还林补助的金额和方式做了重新调整。退耕还林每亩补助 1500 元;退耕还草每亩补助 800 元。虽然新政策下调了补助标准,但对退耕地的种植方式作了调整,不再严格限制生态林的发展,通过鼓励发展林下经济,大幅度增加了农民林业非木质林产品收入。根据本次调查统计情况,退耕还林补助在农户的家庭收入中,占有较大比重。

此外,为支持当地特色农林经济产业的发展,鼓励造林,政府制定了各种补贴优惠政策。以龙胜各族自治县为例,政府对全县的杉木、毛竹、厚朴、油茶等经济效益较高的造林树种给予造林补助。对连片 3 亩以上的毛竹低改,每亩补助修山费 20 元,肥料补助 60 元;连片 2 亩以上种植毛竹纯林或毛竹混交林,每亩补助 160 元;凡属于全县年度整村推进在册重点贫困户营造毛竹的,除享受毛竹种植补助政策外,每亩再补助 100 元。对县、乡、村示范点造林的油茶项目,每亩补助 1000 元,面上造林每亩补助 600 元。一系列造林优惠政策的实施,不仅增加农民收入,而且农民的积极性空前高涨,极大促进了当地生态环境的改善。

二、劳动力转移就业对农民收入的影响

广西石漠化片区封山育林、退耕还林、石漠化综合治理等林业工程的实施,使得大量贫困地区劳动力得以释放,进而转向非农部门就业,获得更多的就业机会和择业空间,从而对当地农民收入产生间接影响。

假定林业工程区某地在工程实施前初始农民劳动力数量为 l,人均收入为 s;在一定时期内有 n 个农民向非农转移,转移的形式为流动就业,获取的收入为 w,其中 m 个农民转移为城镇居民,且总有 $m<n<l$。

转移后当地农民人均纯收入 s' 为

$$s' = \frac{s(l-n)+w(n-m)}{l-m}$$

整理后得,

$$s' = s + \frac{(w-s)(n-m)}{l-m}$$

若 $w>s$，表明农民转移就业增加了收入；若 $w<s$，表明农民转移就业减少了收入。

此外，农民劳动力转移的另一种普遍情况是出现了农民大量兼业行为。假定工程区某劳动力总劳动时间为 T，非农就业时间为 t，则其从事非农就业后，其收入变为

$$s' = s\frac{T-t}{T} + w\frac{t}{T}$$

整理后得

$$s' = s + (w-s)\frac{t}{T}$$

同理，若 $w>s$，表明农民转移就业增加了收入；若 $w<s$，表明农民转移就业减少了收入。

尽管上述对农民的非农转移引起收入的变化方向是不确定的，但现实中非农转移基本表现为收入增加。转移收入的增加，明显表现在非农收入方面，尤其是务工收入。根据调查统计情况，2010 年百色市的户均农民务工毛收入为 40263 元，2013 年增加到 75768 元，年均增长 23.5%。务工收入成为广西石漠化片区农民收入的最主要来源。

三、林业科技推广对农民收入的影响

科学技术对经济社会发展的作用是巨大的。库兹涅兹认为"经济增长的本源是科学和技术这种国际性资源的应用"。萨缪尔森也认为技术的进步能对收益递减产生抵消作用。农民科技投入对收入增长具有显著的正向关系，许多实证研究表明，我国农村生产力水平低下与农村科技进步贡献率偏低有关。科技进步能够提高农民的人力资本，而人力资本的提高进一步增强了农民增收的稳定性和抗干扰能力。

科技进步与推广对农民收入的影响主要表现在：一是科技的进步与推广提高了土地生产率，增加了单位投入的产出，提高了产量，进而增加收入；二是新技术的应用，能够提高产品质量，从而推动产品价格上升，进而增加农民收入；三是农民技能培训能够提高其边际生产力水

平，搜集市场信息，更新经营理念，促进产品流通，增强其驾驭市场能力；四是技术进步带来劳动力的节约，从而使大量农村剩余劳动力转向非农行业就业，拓宽了就业渠道，增加农民收入。

一方面，通过对石漠化片区农民的种养殖等林业实用技术培训，促进包括良种、栽养技术、病虫害防治、保鲜储运等科研成果推广应用到林业生产的产前、产中、产后全过程，建立省、市、县三层科技推广体系，不仅能够提高劳动者的素质，改进生产技术工具，而且能够增加林产品的产量，大幅度提高劳动生产率，降低林产品的生产成本，提高产品质量，延长产业链条，增加产品附加值，从而增强片区林产品的市场竞争力，使农民可以获得更高的收益，增加农民家庭经营性收入。另一方面，林业科技成果的推广与应用，大幅度提高了生产效率，促进了农村剩余劳动力向城市转移，拉动了农民工资性收入的提高。

此外，林业科技研发与推广能够加速低产林改造，节约土地资源，提高土地产出率，缓解石漠化片区土地缺乏的问题。通过选育具有喜钙性、耐旱性和石生性的具有强壮根系的新品种，研发新型土壤改良技术、水土保持技术等，能够有效应对喀斯特地区严酷的生态地质环境，最终影响农民收入。

四、林业经济合作组织对农民收入的影响

随着集体林改的推进与深化，农户林业经营的组织化方面缺陷逐渐显露出来，单户经营规模太小，限制了劳动生产率的提高，而家庭经营行为分散、缺乏组织协调性，则不利于市场竞争的诉求。市场竞争力的强弱与农民收入存在密切联系。为解决上述问题，专业合作社、行业协会等各类林业经济合作组织应运而生，形成"专业合作社+基地+农户""龙头企业+基地+农户""市场+行业协会+基地+农户"等生产经营模式。

专业合作社的产生大大提高了农户林业生产的组织化程度：第一，农户通过资金、土地等股份联结加入合作社，利于现代农林科技的推广实施和大规模的生产经营，增强了农户信贷、销售等谈判能力；第二，合作社统一采购良种、农药等，不但确保了采购物品的质量，还由于大

规模的订购而降低了采购成本;第三,合作社定期不定期地为成员提供种养殖技术、加工技术等指导或培训,大大提高了社员的生产经营效率,提高了林产品质量;第四,合作社在市场信息、销售渠道等方面具有比单户经营更强的优势,降低了林产品滞销风险。

龙头企业通过其科研、种植、加工、贸易一体化的企业优势,与当地农户订立生产经营合同,明确企业与农户的权利和义务,从而形成相对稳定的利益联结机制。龙头企业制定种植标准,提供种苗、化肥、农药等,并对农户的生产经营提供技术指导,最终统一收购和销售林产品。同时,龙头企业的辐射带动作用能够大量解决农村剩余劳动力的就业问题,形成农林业、运输业、贸易业和旅游业协同发展的良好态势。

广西在林业经济合作组织带动农民增收方面涌现出了许多典型,如南宁市的百香果种植、北海市合浦县的金银花种植、崇左市宁明县的中药种植等,不仅农民得到了实惠,而且形成了地方特色产业,调整了当地的经济结构,对当地经济社会的发展带来了积极的影响。

五、森林旅游对农民收入的影响

森林旅游涉及政府、开发商以及当地居民等利益相关者之间的博弈,不同利益主体之间的利益诉求并不相同。农民在森林旅游服务中的收入主要来自为旅游者提供导游、餐饮、住宿等服务性收入、征地补偿费以及在当地乡村旅游企业中的务工收入三方面。

以农家乐等形式获得的住宿、餐饮等服务性收入,又受农民住宅的区位条件以及政府和当地企业介入的影响。在当地的森林旅游开发过程中,政府需要从当地居民手中征用大量的土地,并支付一定的征地补偿费,征地补偿费主要受土地资源禀赋差异影响,主要有一次性征地补偿和"征地补偿+旅游分红"2种方式。

广西石漠化片区依托独特的旅游资源优势,积极挖掘石山地区农民增收渠道,打造乡村旅游示范区,大力发展乡村旅游业,努力开发旅游新产品,实现吃、住、行、游、购、娱等环节一体化经营,形成乡村山水观光游、乡村文化体验游、乡村生态休闲游、民族村寨风情游、观光农业旅游等多种旅游格局，森林旅游成为地区林业经济新的增长点。此外，森林旅游往往能够带动交通运输业、服务业、建筑业等相关产业的发展，从而促进农村产业结构调整，创造就业机会，增加农民收入。

第四节　林业对广西石漠化片区农民收入影响实证分析

一、数据来源与研究方法

(一)数据来源

本研究使用的数据来源于 2015 年在广西石漠化片区对农户实地调研的数据。项目来源于"滇桂黔石漠化片区林业扶贫研究"。2014 年 9 月在广西百色市田林县做了预调研，发放问卷 200 份，回收的问卷效果不太理想，因此，结合预调研情况对问卷进行修改后，2015 年 1 月又对百色市做了第二次农户调查。考虑到时间和精力限制，本次共调研问卷 150 份，有效回收问卷 120 份，问卷回收率为 80%（表 6-2）。本次调研地点主要选择百色市，包括德保、那坡、凌云、田阳、田东、平果、靖西等县。选择百色市作为调研地区主要出于以下考虑：一是百色市土地石漠化现象非常严重，百色市所辖的 12 个县(区)全部列入滇桂黔石漠化片区，同时农民收入偏低，贫困问题突出，与本文的研究范围一致，具有典型的代表性；二是近年来国家林业局派遣优秀中青年干部在百色市林业局挂职锻炼，笔者多次赴百色市进行扶贫调研，对百色市情况比较了解，能够较为深刻的分析林业对该地区农民收入的影响。

在调查方式上，预调研采取直接发放调查问卷的方式，农户填好问卷后由田林县林业局人员回收问卷，省时省力，速度较快，成本较低，但问卷有效性较低。再次调研时，采取访谈式调查，由当地村干部将调查农户集中起来进行一对一问答，由调研员填写问卷。访谈式调查问卷的有效性较高，但耗时耗力，成本较大。在调查内容上，主要包括：一是农户基本情况，包括户主信息、家庭人口特征和拥有土地情况；二是农户家庭收入情况，包括农业收入、林业收入、政府补贴和其他收入；三是农户林业经营情况，包括种植品种、投入、产出、产品销售、合作社、森林旅游等；四是农户对林业投资经营意愿。

表 6-2　农户问卷调查数据来源

县名	发放问卷	有效回收问卷
德保县	30	24
那坡县	25	18
靖西县	25	22
凌云县	20	16
田阳县	20	18
平果县	30	22
总计	150	120

(二) 研究方法

1. 因子分析模型

在研究实际问题时，为对研究问题有比较全面的认识，避免遗漏变量，往往希望搜集的变量越多越好。然而，利用计量经济学原理进行数据建模时，并非变量越多越好，变量冗余易造成计算量过大问题，尤其是变量间相关性，会导致数据分析不准确。这就要求在降低变量个数的同时，不能造成信息丢失，因子分析方法的出现恰好解决了上述问题。本研究收集大量影响农民收入的因素，为避免出现上述问题，采用因子分析简化农民收入的影响因子，具体步骤如下：

(1) 建立 n 个样本、p 个变量的原始数据矩阵，并将数据进行标准化处理。

$$x_{ij}^{*} = \frac{(x_{ij} - \bar{x}_i)}{S_{ij}}$$

式中：$i = 1, 2, \cdots, n$，n——样本数；

$j = 1, 2, \cdots, p$，p——样本原变量数。

(2) 计算相关系数矩阵 R。

$R = (r_{ij})_{p*p}$，其中，

$$r_{ij} = \frac{\sum_{k=1}^{n}(x_{ki} - \bar{x}_i)(x_{ki} - \bar{x}_j)}{\sqrt{(x_{ki} - \bar{x}_i)^2 \sum_{k=1}^{n}(x_{ki} - \bar{x}_j)^2}}$$

(3) 计算相关系数矩阵 R 的特征向量量 $U = (u_{ij})_{p*p}$ 和特征值 λ_i，并将特征值 λ_i 按大小顺序排列，即 $\lambda_1 \geq \lambda_2 \cdots \geq \lambda_p \geq 0$

(4) 主成分 Z_i 的贡献率为 $\dfrac{\lambda_i}{\sum_{k=1}^{p}\lambda_k}$，其累计贡献率为 $\dfrac{\sum_{k=1}^{pi}\lambda_k}{\sum_{k=1}^{p}\lambda_k}$，一般取累计贡献率达到 85% 以上的前 m 个主成分。

(5) 计算因子载荷并旋转。

$$A_{ij} = \sqrt{\lambda_i}\, U_{ij}$$

(6) 计算因子得分。

$$F_i = \sum_{j=1}^{p} W_j * Y_{ij}$$

2. Logistic 回归模型

通常在研究某一社会现象发生的概率 p 以及发生概率大小与哪些因素相关时，直接处理可能性数值 p 存在困难：一是 $0 \leq p \leq 1$，范围过小导致因变量与自变量关系难以用线性模型来描述；二是当 p 接近 0 或者 1 时，p 值的微小变化难以用普通方法发现和处理好。这时，用一个严格单调函数，令 $Q = \ln\dfrac{p}{1-p}$，则可以很好地克服上述问题，当 p 从 0→1 时，Q 值范围为 $-\infty \to +\infty$，在数据处理上带来很多方便，这一变换称为 Logit 变换。

鉴此，当因变量是一个二元变量，其取 1 的概率 $p(y=1)$ 就是要研究的对象。在本研究中，在前文分析得出林业对农民收入的影响后，进一步探讨石漠化片区农民对林业投资经营意愿，此时，是否愿意投资经营则是一个二元变量。如果有很多因素 $x_1, x_2, \cdots, x_k$ 影响是否投资经

营 y 的取值，这些变量既可以为定性变量，也可以为定量变量，因而，上述关系可以记为：

$$\ln \frac{p_i}{1-p_i} = \alpha + \sum_{k=1}^{n} \beta_k x_{ki}$$

上述类似于广义线性模型的函数关系式称为 Logistic 回归模型，可以系统的应用线性模型方法进行数据分析。

然而，Logistic 回归模型与多元回归模型不同，多元回归模型采用最小二乘估计，使因变量的预测值和实际值方差最小。而 Logistic 回归则采用极大似然估计的迭代方法，找到系数"最可能"的估计。最终，当 $p>0.5$ 时，表示农民愿意投资林业，反之，则不愿意。

二、样本农户描述性统计分析

(一) 家庭基本特征

农户家庭基本特征统计描述包括户主信息和家庭信息两个部分。

表 6-3 是对样本农户家庭特征的基本描述。对样本农户家庭特征进一步分析：首先，样本农户户主年龄集中在 30~50 岁之间，其中，30 岁以下的占 15%，31~40 岁的占 32.5%，41~50 岁的占 30.8%，50 岁以上的占 21.3%；其次，户主文化程度偏低，其中，文盲占 19.2%，小学及初中文化占 51.6%，高中文化占 25.9%，大专及以上文化占 3.3%；再次，家庭总人口中，劳动力比重为 56.60%，且 66.7% 的农户存在劳动力外出务工现象；最后，家庭土地面积偏少，破碎化程度较高，人均耕地面积 1.06 亩，人均林地面积 2.25 亩，并且，78.85% 林地被划为公益林。

表 6-3　样本农户家庭特征描述

变量名称		变量描述	有效样本	最小值	最大值	均值	标准差
户主信息	性别	0＝女；1＝男	120	0	1	0.92	0.28
	年龄		120	26	81	42.65	12.10
	文化程度	1＝文盲；2＝小学；3＝初中；4＝高中；5＝大专及以上	119	1	5	2.78	1.13
	是否党员	1＝是；2＝否	119	1	2	1.87	0.33
家庭信息	人口总数		120	1	8	4.70	1.72
	劳动力人数		120	0	6	2.66	1.14
	外出务工人数		120	0	4	1.38	1.16
	耕地面积(亩)		119	0	21	4.96	3.58
	耕地块数		113	2	23	8.92	5.05
	林地面积(亩)		110	0	90	10.59	14.45
	林地块数		91	0	21	6.76	3.97
	划入公益林面积(亩)		111	0	90	8.35	14.68

(二) 家庭收入情况

农户家庭收入统计按照农业收入和非农收入两部分进行统计。农业收入包括农业种养殖收入。在统计木材收入时，为避免当年收获木材时造成收入激增，根据当地树种的轮伐期对木材收入进行平滑处理。非木材收入是指林下种植、林下养殖和野生动植物产品采集加工获得的收入。个体自营工商业收入主要指农户个体从事工商经营，如零售、提供民生服务等获得的收入。利息分红等收入主要包括土地出租、土地分红、存款利息等各类财产性收入。特色农林种养殖补贴是指农户从事当地鼓励经营的特色农林业而获得的政府奖励或补助。其他收入是指礼金、低保等其他收入。

表 6-4　2013 年样本农户家庭人均收入情况

收入(元)	样本数	最小值	最大值	均值	标准差
农业纯收入	119	0	3200.00	523.86	567.36

(续)

收入(元)		样本数	最小值	最大值	均值	标准差
林业纯收入	木材收入	120	0	175000.00	1882.21	15984.56
	非木材收入	120	0	22500.00	1245.55	3627.00
务工收入		120	0	70000.00	12719.78	12447.73
个体自营工商业收入		120	0	43333.33	2920.94	9180.37
利息分红等收入		120	0	1200.00	78.39	185.45
政府补贴	退耕还林补贴	119	0	1493.16	111.62	213.66
	公益林补贴	120	0	298.48	24.45	48.56
	特色农林种养殖补贴	120	0	2000.00	16.67	182.57
	良种补贴	120	0	154.16	7.26	21.87
其他收入		120	0	24000.00	1070.47	3213.42

表6-4反映出的样本农户人均纯收入及构成异于传统意义或当地统计年鉴的数据，但并非数据失真问题，而是与当地石漠化现象的实际情况密切相关。农业纯收入只有523.86元，是由于石漠化区域人均耕地面积过少、土地石漠化严重，许多农户选择弃耕，转而从事林业生产或外出务工。木材收入达到1882.21元，非木材收入1245.55元，两项之和达到了3121.76元，这是由于当地农户大多种植桉树，桉树的轮伐期短、经济效益高，已经成为当地农民收入的重要来源。同时，百香果、荔枝、杧果等具有较高经济效益的经济林，在当地初具规模，取得了明显的经济效益。务工收入最高，达到12719.78元，这是由于当地67.5%农户有劳动力外出务工，且务工人员年龄集中在20~40岁之间，往往能够取得较高的报酬。据样本调查统计，外出务工人员的人均纯收入多在40000元左右，最高达80000元。如此之高的农民工工资恰好印证了当前各地出现的农民工用工荒现象。样本农户从事个体自营工商业仅有20户，其中包括3家农家乐。单个工商业的收益较高，拉高了样本农户的平均水平。退耕还林补贴111.62元，虽然在总收入中的比重不大，但相对全国其他地区，仍具有较大的优势，这是由于石漠化片区也是我国退耕还林工程实施的重点区域之一，与前文分析的农业纯收入偏低相应。公益林补偿仅为24.45元，在农民收入中所占比作过低，与

当地脆弱的生态环境严重不匹配。特色农林种养殖补贴虽然做了统计，但实际只有当地的一位林业种植大户获得了 10000 元的政府奖励。其他的各类政府补贴以及利息分红等数额不大，数据较为正常。

(三) 林业生产经营

由于石漠化片区农户林地匮乏，或者现有林地全部或大部分划为公益林，调查地区 120 户农户仅有 86 户从事了林业生产经营活动。

调查的农户林下种植主要包括草果、金银花、绿豆、田七、金花茶、党参等，其中金花茶投入较大，平均 2000 元/棵左右，尚未产出。林下养殖主要包括鸡、猪、羊、矮马等。野生林产品采集加工主要包括竹笋、蕨菜、鸡血藤、松香等，其中松香的收益较高，有松香采集的农户户均收入 2000 元左右，最高收入 20000 元。经济林果的种植种类比较多，包括柑橘、葡萄、柚子、柿子、枇杷、芒果、荔枝、李子、蜜桃、山竹、猕猴桃、核桃等，产值在几百元至几千元不等。商品林主要种植树种为桉树，桉树种植户户均面积在 20 亩左右，平均投入 1000 元/亩左右，政府补贴 5.7 元/株，轮伐期 3~6 年，亩产值依轮伐期的长短不同而不同。此外，还有少部分农户种植马尾松，但规模不大。

此次调查的样本农户中，包括 1 位林业种植大户，其承包土地 361 亩种植沉香，投入 137000 元，政府补贴 10000 元，产出 350000 元。此外，还有 3 户从事农家乐生产经营活动，农家乐经营年收入在 150000 元左右。林业种植大户和从事农家乐经营的农户家庭年收入显著高于其他农户。

(四) 农林社会化服务

农户的农林社会化服务包括农户种养殖农林产品的销售情况、是否加入合作社及加入合作社后获得服务、农林培训等内容，由于石漠化片区农业和林业社会化服务联系十分紧密，故不对农产品和林产品相关的社会化服务严格区分。

1. 农林产品销售情况

在农林产品的销售渠道方面，考虑到当地的实际情况，调查问卷主要设计的销售渠道包括当地企业、合作社、政府和自销4种。在实际统计发现，随着经济的发展，石漠化片区并未出现政府上门收购农户农林产品的现象。由此，15.8%的样本农户通过当地企业销售产品，32.5%的样本农户通过合作社销售产品，51.7%的农户自己销售产品。

在产品销售的难易程度方面，虽然划分为容易、一般和困难三个级别，但为了便于分析，在统计时，仅划为容易和困难两个级次，将认为一般的农户按比例划入其他级次。由此，59.2%的农户认为产品的销售比较容易，40.8%的农户认为产品的销售比较困难。

除上述两部分内容，在产品销售方面，还询问了农户最希望通过何种渠道销售产品，48.3%的农户最希望通过当地企业销售自己的产品，45%的农户最希望自己销售自己的产品，仅有6.7%的农户希望通过合作社销售产品。

2. 农林技术培训情况

为反映当地农户在种养殖方面的素质技能，本次调查访问了农户在近3年内有无接受农林实用技术等相关技能培训，对接受过技能培训的农户，进一步访问其培训次数、培训方、培训形式；对未接受培训的农户，询问其期待通过何种培训方式，获得哪些方面培训。培训方包括县乡政府、合作社或企业、自己出钱进行其他培训3类；培训形式包括集中上课、现场指导、网络或电视和其他形式4类；培训效果分为效果显著、效果一般和效果不好3个等次；培训内容包括种养技术、加工技术、销售信息和其他方面4类。为了更加清晰地表述统计结果，用图示的形式反映统计内容(图6-1)。

样本农户近3年接受过相关培训的农户占一半左右，且大多培训了1~2次，培训方主要为政府和企业或合作社，培训方式主要为集中上课和现场指导，培训效果较为明显。

样本农户有接近一半近3年未接受过相关技能培训，通过调查发现，这部分农户大多可经营的土地面积过少，或土地石漠化现象比较突出，但仍希望通过培训提高产品销售等方面素质。

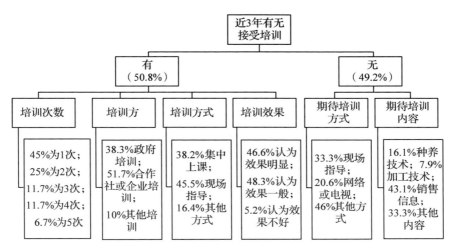

图 6-1 样本农户培训情况

3. 农林专业合作社情况

调查样本主要询问了农户所在乡镇有无农林类合作社，对拥有合作社的农户是否选择加入合作社，入社的农户在合作社获得的服务以及农户对服务的认知情况；未入社农户是否打算近期入社。合作社提供服务类型包括技术指导、信息咨询、产品销售和资金支持4个方面，服务认知是指农户对上述服务重要程度排在首位的认知情况(图6-2)。

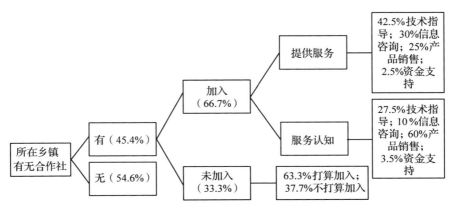

图 6-2 样本农户农林合作社情况

调查发现，农林合作社的普及情况并没有设想中的普遍，同时，农户入社情况也没有特别普遍。仅有不到一半的乡镇有农林相关的合作社，而拥有合作社的地区仅有 2/3 的农户加入了合作社，表明在石漠化片区，农民生产销售的组织化程度较低。合作社提供的服务集中在技术指导和信息咨询两方面，与农户实际的产品销售服务需求有一定的脱节。然而，调查中发现未入社的农户大部分准备在近期加入合作社，表明石漠化片区农民生产的组织化程度在未来会有一定程度的提高。

（五）林业投资经营意愿

问卷最后一部分内容对农户是否愿意进行林业投资进行调查，为便于后文进行回归分析，仅对农户的投资经营意愿划为愿意和不愿意 2 个级次：61.7%的农户愿意增加林业投资，38.3%的农户不愿意增加林业投资。

对持积极态度的农户访问发现，绝大多数农户愿意投资林业主要考虑林业经营所带来的经济效益，此外，还会考虑获得政府补贴、生态效益、就业机会等因素（图 6-3）。

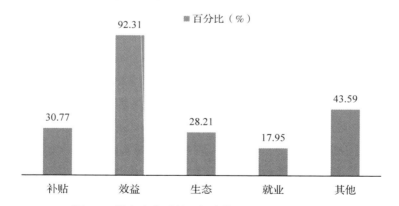

图 6-3　样本农户对林业投资持积极态度考虑因素

对持消极态度的农户访问发现，资金问题是影响农户林业投资经营的首要因素，此外，林业经营的产量水平、销售出路、劳动力需求、种植技术、生产周期等，都在不同程度上影响农民对林业投资经营的积极性（图 6-4）。

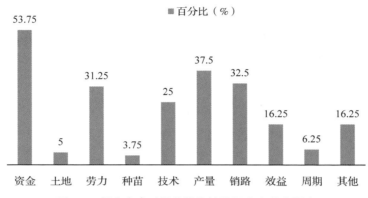

图 6-4　样本农户对林业投资持消极态度考虑因素

三、变量选取

(一) 因子分析变量选取

在研究农民收入影响因素时，不同人从不同角度选择不同的指标，主要包括自然因素、农民自身因素、生产投入因素、政策因素、市场因素、科技因素等。参考前人研究选择的变量指标，考虑到广西石漠化片区的实际情况，下面根据样本农户收入来源结构选择农民收入影响因素变量指标进行因子分析。

由于样本农户从事工商业较少，具有一定的特殊性，因而，将个体自营工商业收入排除在因子分析之外。而礼金等其他收入，虽然统计进入农民收入范畴，但却带有一定的偶然性，并非每个农户每年都有此类收入，不具有持续性和稳定性，也将其排除在因子分析之外。由此，确定了户主文化程度、石漠化程度、外出务工人数、务工收入、林业收入、涉林补贴、农业收入、耕地面积、耕地细碎化程度、家庭劳动力人数、近3年培训次数、是否加入合作社等12个指标(表6-5)。

表 6-5 因子分析变量选取

因素类别	变量选择	变量符号	变量定义
农户自身因素	户主文化程度	X1	1=文盲；2=小学；3=初中；4=高中；5=大专及以上
	家庭劳动力人数(个)	X2	非外出务工劳动力人数
	外出务工人数(个)	X3	实际外出务工人数
自然条件	土地石漠化程度	X4	石漠化土地占总土地面积比重
	耕地面积(亩)	X5	实际面积
	耕地细碎化程度	X6	平均每块耕地面积
收入结构	林业收入(元)	X7	木材和非木材总收入
	涉林补贴(元)	X8	退耕还林、公益林、特色农林种养殖以及良种四类补贴
	农业收入(元)	X9	实际农业收入
	务工收入(元)	X10	实际外出务工收入
科技与组织支撑	是否加入合作社	X11	1=是；2=否
	培训次数	X12	实际次数

之所以未将林地面积列入影响因素，是因为从事林木生产的农户林地大多来自承包或租借土地，自有林地大多被划入公益林。

(二) Logistic 回归模型变量选取

运用 logistic 回归分析影响农户林业投资经营意愿的相关因素，根据前人研究，结合石漠化片区农户的实际情况，初步确定了性别、年龄、户主文化程度、是否党员等 17 个变量，为了便于分析，需要对变量进行量化赋值(表 6-6)。

表 6-6 林业投资经营意愿影响因素变量选取

单位：年，个，元，次

变量选择	变量符号	变量定义	预期方向
是否愿意投资林业	Y		/
性别	X1	0=女；1=男	+
年龄	X2	周岁	+

（续）

变量选择	变量符号	变量定义	预期方向
户主文化程度	X3	1=文盲；2=小学；3=初中；4=高中；5=大专及以上	—
是否党员	X4	1=是；2=否	—
家庭人口数	X5	实际劳动力人数	+
家庭劳动力人数	X6	非外出务工劳动力人数	+
石漠化程度	X7	石漠化土地占总土地面积比重	+
非公益林林地面积	X8	非公益林面积占林地面积比重	+
资金来源	X9	1=自有资金；2=银行贷款；3=亲友借款；4=其他	?
林业收入	X10	木材和非木材收入	+
涉林补贴	X11	退耕还林、公益林、特色农林种养殖以及良种四类补贴	+
补贴支付速度	X12	1=按时支付；2=不按时支付	—
销售方式	X13	1=当地企业；2=合作社；3=政府收购；4=自己销售	?
销售难易程度	X14	1=容易；2=困难	—
是否加入合作社	X15	1=是；2=否	—
培训次数	X16	实际培训次数	+
林业脱贫增收重要性认知	X17	1=重要；2=不重要	—

需要指出的是，这里仅是初步确定了对农民是否投资林业产生影响的可能因素，并非所列因素与其经营意愿全部相关，各变量是否具有显著性影响需要进一步通过构建 logistic 回归模型进行分析。

四、模型处理

（一）因子分析模型处理

运用 SPSS19.0 对前文因子分析模型选择的变量指标进行处理。

第一步，采用巴特利特球度检验和 KMO 检验分析变量之间是否存在一定的线性关系，即是否适合采用因子分析提取因子。通过检验发现，KMO 值为 0.712，巴特利特球度检验统计量的观测值为 1014.538，相应的概率 Sig. 为 0.000，表明变量适合进行因子分析（表 6-7）。

第二步，提取因子。首先，采用主成分分析法提取因子，并选取大于 1 的特征值。此时，共抽取了 4 个公因子，但解释的总方差为 83.276%，且培训次数提取的共同度仅为 0.427，变量的信息丢失较为严重。因此，重新制定提取特征值的标准，指定提取 5 个公因子（表 6-8）。

表 6-7　因子分析中的变量共同度

变量选择	初始	提取
石漠化程度	1.000	.910
家庭外出务工人数	1.000	.832
务工收入	1.000	.918
林业收入	1.000	.919
涉林补贴	1.000	.928
培训次数	1.000	.891
农业收入	1.000	.908
耕地面积	1.000	.954
家庭劳动力人数	1.000	.859
文化程度	1.000	.993
耕地细碎化程度	1.000	.944

表 6-8　因子解释原有变量总方差的情况

成分	初始特征值			提取平方和载入			旋转平方和载入		
	合计	方差的 %	累积 %	合计	方差的 %	累积 %	合计	方差的 %	累积 %
1	3.962	36.017	36.017	3.962	36.017	36.017	3.072	27.927	27.927
2	2.601	23.645	59.661	2.601	23.645	59.661	2.214	20.129	48.056
3	1.575	14.323	73.984	1.575	14.323	73.984	1.975	17.957	66.013
4	1.022	9.292	83.276	1.022	9.292	83.276	1.779	16.171	82.183
5	.896	8.142	91.418	.896	8.142	91.418	1.016	9.234	91.418
6	.328	2.979	94.397						
7	.248	2.258	96.655						
8	.123	1.115	97.770						
9	.113	1.029	98.799						
10	.071	.643	99.442						
11	.061	.558	100.000						

表 6-8 可以看出，各个变量提取的共同度都较高，表明提取因子的总体效果较好。由表 6-8 可以得知，未旋转之前第一个因子的特征值为 3.962，解释了原有变量的 36.017%；第二个因子的特征值为 2.601，解释了原有变量的 23.645%；其余数据类似。5 个因子的累计贡献率达到了 91.418%，表明其包含了原有数据的大量信息，能较好地表达所有变量的总体情况。因子旋转后，总的累计方差贡献率没有改变，但却重新分配了各个因子解释原有变量的方差，改变量各因子的方差贡献，使得因子更易于解释。

第三步，采用方差极大法对因子载荷矩阵实行正交旋转，以使因子具有命名解释性。

表 6-9 旋转后的因子载荷矩阵

变量选择	成分				
	1	2	3	4	5
石漠化程度	.929	-.014	-.096	-.176	.075
务工人数	.893	.062	-.113	-.128	-.021
务工收入	.921	.052	-.110	-.222	.075
林业收入	-.174	.107	.929	.117	-.022
涉林补贴	-.061	.264	.922	-.042	.048
培训次数	-.149	-.052	.231	.899	-.066
农业收入	-.430	.570	-.238	.579	.079
耕地面积	.053	.953	.205	-.003	.003
家庭劳动力人数	-.551	.026	-.171	.723	.051
文化程度	.071	-.012	.023	-.015	.994
耕地细碎化程度	.098	.943	.212	-.019	-.032

表 6-9 可知，石漠化程度、外出务工人数和务工收入在第 1 个因子上有较高的载荷，可解释为石漠化因子；耕地面积、耕地细碎化程度在第 2 个因子上有较高的载荷，可解释为土地因子；林业收入、涉林补贴在第 3 个因子上有较高的载荷，可解释为林业因子；培训次数、家庭劳动力人数、农业收入在第 4 个因子上有较高的载荷，可解释为农业因子；户主文化程度在第 5 个因子上有较高的载荷，可解释为能力因子。

（二）Logistic 回归模型处理

使用 SPSS19.0 对农户是否愿意投资林业的影响因素进行 Logistic 二元回归分析，总体预测符合率越接近 100%，则模型拟合越好。采用 Hosmer-Lemeshow 统计量检验模型拟合度优劣，当检验的 P 值大于 0.1 时，表明模型对样本的拟合是可接受的。

采用概率为 0.05 的选入标准及 0.10 的删除标准，处理最终结果仅输出最后一个步骤。因素筛选采用向前条件的方法，即解释变量不断进入回归方程，首先选择与被解释变量线性相关系数最高的解释变量进入方程，并进行回归方程的各种检验，然后在剩余变量中寻找与被解释变量偏相关系数最高并通过检验的变量进入方程，并检验，以此类推，直到没有可进入方程的解释变量为止。

表 6-10 模型系数的综合检验

		卡方	df	Sig.
步骤 5	步骤	7.117	1	.008
	块	131.330	5	.000
	模型	131.330	5	.000

表 6-11 模型汇总

步骤	−2 对数似然值	Cox & Snell R 方	Nagelkerke R 方
5	28.432	.665	.904

表 6-12 Hosmer 和 Lemeshow 检验

步骤	卡方	df	Sig.
5	3.222	8	.920

表 6-10 可知，模型系数综合检验的卡方为 131.330，对应的概率为 0.000，表明回归模型具有显著性；由表 6-11 可知，Cox & Snell R 方为 0.665，Cox & Snell R 方为 0.904，表明有较强的关联度；由表 6-11 可知，Hosmer 和 Lemeshow 检验卡方为 3.222，对应的概率为 0.920，表明模型拟合优度较好。

表 6-13　模型最终参数估计结果

变量选择	B	S.E,	Wals	df	Sig.	Exp（B）
是否党员	4.448	1.948	5.211	1	.022	85.421
石漠化程度	-.162	.058	7.765	1	.005	.850
林产品销售方式	2.322	.876	7.032	1	.008	10.195
销售难易程度	3.114	1.199	6.751	1	.009	22.519
林业脱贫增收重要性认知	6.931	1.812	14.625	1	.000	1023.013
常量	-27.339	7.849	12.133	1	.000	.000

根据表 6-12 建立回归方程：

$$\ln \frac{p}{1-p} = -27.339 + 4.448X_4 - 0.162X_7 + 2.322X_{13} + 3.114X_{14} + 6.931X_{17}$$

建立的回归方程最终预测的正确率达到 92.5%，表明建立的方程能够有效预测被解释变量的结果。

五、结果分析

(一) 因子分析模型结果分析

由前文因子分析的模型处理可知，对影响石漠化片区农民收入因子主要包括石漠化因子、土地因子、林业因子、农业因子和能力因子 5 方面，各因子影响程度的排序：石漠化因子>土地因子>林业因子>农业因子>能力因子。

第一，土地石漠化是影响广西石漠化片区农民收入的首要因素。之所以将石漠化程度、外出务工人数和务工收入三个因素命名为石漠化因子，是因为土地石漠化导致土地生产力下降、可耕地面积较少，大部分农村劳动力选择外出务工，向城镇转移。在调查中发现，家庭土地石漠化程度较高、劳动力较丰富的农户家庭，外出务工的劳动力较多，获得的务工收入较高，家庭收入也就相应的较高。甚至，由于外出务工的影响，石漠化程度越高的家庭，其收入也越高，这恰好与多数研究认为"石漠化导致家庭贫困"的结论相反。

第二，耕地面积及其细碎化程度是限制广西石漠化片区农民收入提高的重要因素。耕地面积越少、破碎化程度越高,农民收入越低。广西石漠化片区大多属于岩溶石山地区,自然条件较差,人均耕地面积较少,耕地破碎化程度较高。石漠化片区人均耕地面积仅为0.7亩,低于联合国确定的人均耕地0.8亩的警戒线,远低于广西平均水平的1.31亩。有效耕地面积不足是限制石漠化片区农民收入的重要因素。另一方面,土地破碎化导致难以实现大面积的规模经营,阻碍了现代化农业机械的推广使用,降低了土地生产效率并造成极大的成本浪费,从而限制了农民收入的提高。

第三,林业成为影响广西石漠化片区农民收入的重要因素。事实上,包括木材和非木材在内的林业收入,以及包括退耕还林补贴、公益林补偿、特色农林种养殖补贴等在内涉林补贴,在农户的家庭收入中占有较大的比例,已经成为石漠化片区农民仅次于务工收入的第二大收入来源,远超农业收入。一方面,随着集体林改的深化,相关配套政策措施的完善为林下经济的发展提供了广阔的空间,划入公益林的林地不仅能够获得生态补偿,还可以在不影响生态的条件下进行林下种养殖,拓宽了农民增收渠道,大大提高了农民收入。另一方面,广西石漠化片区雨热条件好,尤其适合速生丰产林的生长,不少农户租借林地种植桉树,其经济效益大大高于农业种植收益。此外,森林旅游资源条件优越的地区,农户经营农家乐的收入显著高于其他农户。

第四,农业是影响广西石漠化片区农民收入的传统因素。尽管农业收入在石漠化片区农户家庭收入中所占的比重整体看来不太大,但没有外出务工的家庭仍然主要从事传统的农业生产活动,且非外出务工劳动力较多的农户对农业收入的依赖较大。之所以会将农户在近3年内接受的农林实用技术培训归为这一因子,是因为调查发现,家庭收入主要依赖农业的农户,往往更愿意接受当地县乡政府或企业等培训,通过培训增加自己的种养殖技能,以期在农业生产活动中获得更多的收入。因此,尽管务工收入和林业相关收入对广西石漠化片区农民收入影响较大,但仍不可忽视农业这一传统因素对农民收入的影响,尤其是耕地面积相对较多、家庭劳动力人数较多的农户。

第五，农户自身素质是影响广西石漠化片区农民收入不可忽视的因素。农户受教育程度是衡量农民人力资本的重要指标。国外有关人力资本对经济发展影响的研究表明，劳动力质量的高低是决定经济增长的关键，而非自然资源的丰瘠。国内大多研究也都肯定了人力资本对收入的正向作用。通过样本农户调查发现，户主文化程度较高的农户，其外出务工收入和农林相关种植业收入均较高。

综上，林业已经成为影响广西石漠化片区农民收入高低的重要因素，超过了农业对农民收入的影响。探索提高农户对林业的投资经营意愿，增加农民林业投资，成为当地政府在扶贫开发、促进农民增收过程中所需考虑的重要问题。

(二) Logistic 回归模型结果分析

通过对影响石漠化片区农民林业投资经营意愿的相关因素构建 Logistic 回归模型分析，可以得出户主是否为党员、土地石漠化程度、林产品的销售渠道、销售难易程度以及农民对林业在石漠化片区脱贫增收重要性认知这5个变量对农民是否愿意增加林业投资具有显著的影响。

第一，提高农民对林业在石漠化片区脱贫增收重要性认知，有助于增加农民对林业投资经营的积极性。从回归模型的处理来看，林业脱贫增收重要性认知是第一个进入回归模型的变量，重要性认知对农户林业投资经营意愿具有正向影响。农民是否愿意增加林业投资，首先考虑林业是否能够带来积极的经济效益，这与前文分析一致，即愿意增加林业投资的农民考虑因素的92.31%为林业经济效益。由样本农户家庭收入结构分析可知，客观上，林业收入在石漠化片区农民收入已经具有较大的比重，若能增强农户对这一事实的主观认知，则会有更多的农户更加积极地进行林业投资经营。

第二，林产品销售方式和销售难易程度对农户林业投资经营意愿具有显著影响。从回归模型的处理来看，林产品销售难易程度是第二个进入回归模型的变量，而林产品的销售方式是第三个进入回归方程的变量。农民对产品销售自主权对林业投资经营意愿具有显著影响，销售权越自由，越愿意投资林业。销售难易程度与林业投资经营意愿具有正向影响，林产品销售越困难，农民越不愿意投资林业。而林产品销售的难易程度直接影响到农户林业的产业化经营，进而影响林业扩大再生产。

第三，石漠化程度对农民林业投资经营意愿具有重要影响。从回归模型的处理来看，土地石漠化程度是第四个进入回归方程的变量。石漠化程度与农民投资经营意愿呈反向关系，即石漠化程度越高，人们越倾向于投资林业。土地石漠化程度严重的地区土地质量低下，土层覆盖较薄，不利于农作物的种植，但对林业经营的影响并没有特别大的影响。换言之，鼓励农民在石漠化程度较高的土地经营林业，不仅能够改良土壤质量，改善生态环境，而且能在一定程度上促进农民增收。

第四，户主是否为党员对石漠化片区农民林业投资经营意愿也具有显著的影响。户主是否为党员虽然是最后一个进入回归方程的变量，但也是影响农民林业投资经营意愿不可忽视的因素。身为党员的农户代表着政治素养较高的群体，往往比普通群众更加关注国家的政策方针，关注生态环境问题。因而，出于遏制土地石漠化、改善生态环境的考虑，即使不能获得较好的经济效益，户主为党员的农户也能够积极投资林业。

第五节　结论与建议

一、主要结论

本章依据广西石漠化片区林业扶贫实践，在理论分析的基础上，结合百色市农户调查数据，计量分析了林业对石漠化片区农民收入影响，并进一步分析了影响石漠化片区农民林业投资经营意愿的因素。主要结论如下：

（1）广西森林资源十分丰富，林业产业发展较好，但岩溶土地所占比重较高，土地石漠化现象严重。石漠化片区自然条件较差，人均耕地面积较少,农民收入偏低,贫困现象比较突出。充分利用石漠化片区的气候、水文等自然优势发展林业,是改善生态环境、促进农民增收的可行途径。

(2)广西石漠化片区农民收入主要来源于务工收入、林业收入、农业收入、个体自营工商业收入、政府补贴和其他收入。其中,务工收入是其最大的收入来源,其次是林业收入,农业收入所占的比重较小。包括木材收入和非木材收入的林业收入对农民收入的贡献较大,而且,大规模从事林业生产经营或者从事农家乐的农户家庭年收入远高于普通农户。然而,与当地脆弱的生态环境相比,公益林补偿所占的比重严重偏低。

(3)利用因子分析模型对样本农户收入的影响因素进行分析,结果表明,广西石漠化片区农民收入影响因子主要分为石漠化因子、土地因子、林业因子、农业因子和能力因子。石漠化导致劳动力外出务工,是影响农民收入的主要因子;人均耕地面积过少、耕地破碎化程度过高,是影响农民收入的次要因子;林业对农民收入作用大于农业,对农民收入产生关键影响;此外,农民自身素质的高低也对农民收入产生重要的影响。

(4)利用 Logistic 回归分析样本农户林业投资经营意愿影响因素,结果表明,农民对林业在石漠化片区脱贫增收重要性认知、林产品销售方式、林产品销售难易程度、土地石漠化程度以及户主是否为党员对农民林业投资经营的积极性产生显著影响。农民是否进行林业投资主要考虑经济效益,其次是产品的销路,再次是土地石漠化状况。而且,户主是否为党员,即农民政治素养的高低、生态意识的强弱也对其林业投资经营积极性产生重要影响。

二、政策建议

前文分析可知,林业对石漠化片区农民收入具有重要影响。不仅林业收入和涉林补贴在农民收入中占有较大比重,而且土地石漠化、外出务工也与林业存在千丝万缕的联系,提高石漠化片区农民林业投资经营积极性、增强林业对农民收入的影响势在必行。根据农民林业投资经营显著性影响因素，以及实际调查中农民反映的影响其林业投资的相关因素，提出如下几点建议：

（1）实施石漠化区域生态移民工程。依托城镇化发展，工业园区、产业园区的建设，重点对石漠化严重、耕地面积较少、缺乏基本生产生活条件的区域实施异地搬迁，制定人口转移的总体方案和短、中、长期规划，从政策和法律上解决当前人口转移流动存在的各种障碍。加大农村剩余劳动力转移力度，强化部门、企业、地区之间的对口帮扶，完善培训、服务、维权"三位一体"的劳务输出工作机制，努力提高劳务输出的组织化程度，带动更多农民向发达城镇地区的二、三产业转移。探索建立石漠化片区农民就业创业指导机构，加强就业服务引导，搭建农民增收平台。

（2）提高林业生产组织化程度。通过给予税收、信贷等优惠引进农林产业化龙头企业，采用技术、土地、资金等入股方式引导农民成立专业合作社。丰富和完善"龙头企业带动"模式的内涵，鼓励龙头企业通过股份制、股份合作制等形式，在产权的层面与农民结成更紧密的利益共同体，形成风险共担、利益共享的合作机制。重点支持农民专业合作组织开发，引进优良品种，推广使用新技术，开展技术咨询、技术服务和市场信息服务，制定行业标准，组织标准化生产。通过扶持龙头企业和专业合作社的发展，增强其带动和辐射能力，引导龙头企业和专业合作社与石漠化片区农户形成产销利益共同体，促进更多农户步入产业化经营轨道，提高农民生产销售的组织化程度和在市场中的地位。

（3）拓宽林业投资经营资金来源渠道。一是完善农户贷款政策，鼓励和支持金融机构小额贷款业务面向石漠化片区的贫困农户开放，简化信贷程序，加强政府担保和贴息力度，在税收、贴息、担保、奖励、延长贷款期限等方面对开展农户贷款业务金融机构和组织进行鼓励和支持，确保贫困户和合作社能及时申请到贷款。二是大力发展公益性小额信贷组织，政府、银行和公益性社会组织三方联合，政府提供资本金撬动银行资金，银行吸收存款并发放贷款给公益性社会组织，使公益性小额信贷组织更多地参与到金融体系，瞄准贫困人口，按照商业流程操作，让小额信贷更多地惠及石漠化片区资金短缺农户。三是积极发展农村小额保险，加大政府财政支持力度，扩大政策性森林保险覆盖范围，减少或免除农户的保费负担。

（4）创新农民林业种养殖实用技术培训方式。改变送教上门、集中上课、现场指导、示范带动等传统培训方式，按照农民实际需求和经营意愿，依据"缺什么，补什么"的原则设定培训内容，创新培训方式。一是推广农村实用技术"模块式"培训，聘请专家分模块按农时在田间地头、生产现场开展培训。二是探索购买服务和技术承包培训模式，引导有种养需求意愿的农民购买专业的实用技术培训，鼓励有资质的单位或当地农村经济能人承包技术培训。三是从思想观念、种养技术、合作意识、品牌意识、市场意识、销售技巧等方面，对农民进行全方位、多层次、有反复的培训。

（5）推进石漠化片区森林旅游开发。充分利用石漠化片区旅游发展得天独厚的条件，重视旅游资源的保护和开发、民族文化的挖掘和保护，突出生态和民俗风情特色，推动民族文化与特色旅游融合，开发旅游新产品，实现吃、住、行、游、购、娱等环节一体化经营模式，大力发展乡村旅游业，加大对精品旅游线路和项目的策划、包装和宣传推介力度，打造连片旅游品牌。建立乡村旅游示范点、示范村和示范镇，制定乡村旅游行业管理标准和服务规范，培训并鼓励当地农民从事餐饮、住宿、导游等服务业，把发展旅游业与扶贫开发结合起来，努力挖掘农民增收渠道。

（6）发展石漠化片区农村教育事业。一方面，加强农村义务教育支持力度，着力推进农村义务教育的合理布局和均衡发展。通过制定优惠政策，鼓励大学毕业生、城市在职和退休教师到石漠化片区支教，解决当地师资力量匮乏问题，提高教学质量。另一方面，积极发展职业教育，打通石漠化片区青少年快速就业致富通道。优化职业院校布局结构，重点布局在人口相对密集、经济较为发达的产业集聚区、工业园区、经济开发区等区域，更好地促进产教融合。

参考文献

[1] 蔡桂鸿, 1988. 岩溶环境学[M]. 重庆：重庆出版社.

[2] 袁道先, 蒋忠诚. IGCP379 "岩溶作用与碳循环"在中国的研究进展[J]. 水文地质工程地质, 2000, 27(1)：49-51.

[3] Sweeting M M. Reflections on the development of Karst geomorphology in Europe and a comparison with its development in China[J]. Z Geomoph, 1993, 37：127-136.

[4] 苏维词. 喀斯特土地石漠化类型划分及其生态治理模式探讨[J]. 中国土地科学, 2009(4)：32-37.

[5] 黄秋昊, 蔡运龙, 王秀春. 我国西南部喀斯特地区石漠化研究进展[J]. 自然灾害学报, 2007, 16(2)：106-111.

[6] 肖丹, 熊康宁, 兰安军, 等. 贵州省绥阳县喀斯特石漠化分布与岩性相关性分析[J]. 地球与环境, 2006, 34(2)：77-81.

[7] 单洋天. 我国西南岩溶石漠化及其地质影响因素分析[J]. 中国岩溶, 2006, 25(2)：163-167.

[8] 李瑞玲, 王世杰. 贵州岩溶地区岩性与土地石漠化的相关分析[J]. 地理学报, 2003, 58(2)：314-320.

[9] 李荣彪, 洪汉烈, 强泰, 等. 喀斯特生态环境敏感性评价指标分级方法研究——以都匀市土地利用类型为例[J]. 中国岩溶, 2009, 28(1)：87-93.

[10] 包维楷, 陈庆恒. 退化山地生态系统恢复和重建问题的探讨[J]. 山地学报, 1999, 17(1)：22-27.

[11] 陈国阶. 我国西部生态退化的社会经济分析——以川西为例[J]. 地理科学, 2002(04)：390-396.

[12] Pagiola S, Arcenas A, Platais G. Can payments for environmental services help reduce poverty? An exploration of the issues and the evidence to date from Latin America[J]. World Development, 2005, 33(2)：237-253.

[13] Tschakert P. Environmental services and poverty reduction: Options for smallholders

in the Sahel[J]. Agricultural Systems, 2007, 94(1): 75-86.

[14] Pagiola S. Payments for environmental services in Costa Rica[J]. Ecological Economics, 2008, 65(4): 712-724.

[15] Muñoz-Piña C, Guevara A, Torres J M, et al. Paying for the hydrological services of Mexico's forests: Analysis, negotiations and results[J]. Ecological Economics, 2008, 65(4): 725-736.

[16] Turpie J K, Marais C, Blignaut J N. The working for water programme: Evolution of a payments for ecosystem services mechanism that addresses both poverty and ecosystem service delivery in South Africa[J]. Ecological Economics, 2008, 65(4): 788-798.

[17] Beck R J, Kraft S E, Burde J H. Is the conversion of land from agricultural production to a bioreserve boon or bane for economic development? The Cache River Bioreserve as a case study[J]. Journal of Soil and Water Conservation, 1999, 54(1): 394-401.

[18] Wunder S. Payments for environmental services: Some nuts and bolts[M]. CIFOR Jakarta, Indonesia, 2005.

[19] Brown K, Pearce D, Weiss J. The economic value of non-market benefits of tropical forests: Carbon storage.[J]. The Economics of Project Appraisal and the Environment, 1994: 102-123.

[20] Siegel P B, Johnson T G. Break-even analysis of the conservation reserve program: The Virginia case[J]. Land Economics, 1991: 447-461.

[21] Bennett M T. China's sloping land conversion program: Institutional innovation or business as usual? [J]. Ecological Economics, 2008, 65(4): 699-711.

[22] Caro-Borrero A, Corbera E, Neitzel K C, et al. "We are the city lungs": Payments for ecosystem services in the outskirts of Mexico City[J]. Land Use Policy, 2015, 43(0): 138-148.

[23] García-Amado L R, Pérez M R, Escutia F R, et al. Efficiency of Payments for Environmental Services: Equity and additionality in a case study from a Biosphere Reserve in Chiapas, Mexico[J]. Ecological Economics, 2011, 70(12): 2361-2368.

[24] Locatelli B, Rojas V, Salinas Z. Impacts of payments for environmental services on local development in northern Costa Rica: A fuzzy multi-criteria analysis[J]. Forest Policy and Economics, 2008, 10(5): 275-285.

[25] Hejnowicz A P, Raffaelli D G, Rudd M A, et al. Evaluating the outcomes of payments for ecosystem services programmes using a capital asset framework[J]. Ecosystem Services, 2014, 9: 83-97.

[26] Martin A, Gross-Camp N, Kebede B, et al. Measuring effectiveness, efficiency and equity in an experimental Payments for Ecosystem Services trial[J]. Global Environmental Change, 2014, 28: 216-226.

[27] Pagiola S, Arcenas A, Platais G. Can Payments for Environmental Services Help Reduce Poverty? An Exploration of the Issues and the Evidence to Date from Latin America[J]. World Development, 2005, 33(2): 237-253.

[28] Bulte E H, Lipper L, Stringer R, et al. Payments for ecosystem services and poverty reduction: concepts, issues, and empirical perspectives[J]. Environment and Development Economics, 2008, 13(3): 245.

[29] Newton P, Nichols E S, Endo W, et al. Consequences of actor level livelihood heterogeneity for additionality in a tropical forest payment for environmental services programme with an undifferentiated reward structure[J]. Global Environmental Change, 2012, 22(1): 127-136.

[30] 申强, 姜志德, 王继军. 退耕还林(草)工程对吴起县农村经济发展的驱动力分析[J]. 水土保持研究, 2009(04): 212-215.

[31] 王春梅. 退耕还林的成本—效果分析和经济影响评价——以敦化市为例[J]. 生态环境学报, 2009(02): 549-553.

[32] 支玲, 张媛, 林德荣, 等. 基于农业循环经济发展视角的西部退耕还林影响评价——以陕西省宜川县为例[J]. 林业经济, 2010(01): 99-106.

[33] 支玲, 张媛, 李广宇. 西部退耕还林工程对农村建设全面小康社会的影响评价——以甘肃省安定区为例[J]. 林业经济, 2010(03): 81-86.

[34] 胡霞. 退耕还林还草政策实施后农村经济结构的变化——对宁夏南部山区的实证分析[J]. 中国农村经济, 2005(05).

[35] 李树茁, 黎洁. 退耕还林工程对西部农户收入的影响: 对西安周至县南部山区乡镇农户的实证分析[J]. 中国土地科学, 2010(02): 57-63.

[36] 唐伟. 退耕还林还草对农民收入及农村经济的影响[J]. 农村经济, 2004(03): 50-51.

[37] 陈利顶, 虎陈霞, 傅伯杰. 浅析退耕还林还草对黄土丘陵沟壑区农业与农村经济发展的影响——以安塞县为例[J]. 干旱区资源与环境, 2006(04): 67-72.

[38] 苏月秀, 彭道黎, 谢晨, 等. 退耕还林(草)政策主要成效及趋势分析——基

于西北 5 省和内蒙古 793 个退耕农户的统计分析[J]. 水土保持通报, 2011 (06): 199-202.

[39] 李卫忠, 吴付英, 吴宗凯, 等. 退耕还林对农户经济影响的分析——以陕西省吴起县为例[J]. 西北林学院学报, 2007(06): 161-164.

[40] 陈小红, 张健, 赵安玖. 退耕还林工程对洪雅县农村经济的影响[J]. 安徽农业科学, 2010(29): 16665-16669.

[41] 江丽, 杨丽雅, 张越, 等. 退耕还林还草政策的农户影响——以甘肃省华池县为例[J]. 干旱区资源与环境, 2011, 25(9): 60-66.

[42] 徐海燕, 赵文武, 赵明月, 等. 陕西省安塞县生态退耕后农村经济转型及路径选择[J]. 水土保持通报, 2013(03): 236-240.

[43] 黎洁, 李树苗. 退耕还林工程对西部农户收入的影响: 对西安周至县南部山区乡镇农户的实证分析[J]. 中国土地科学, 2010(02): 57-63.

[44] 宋元媛, 黄波, 全世文. 京津风沙源治理工程对农户收入影响实证研究——以"退耕还林"项目为例[J]. 林业经济, 2013(09): 36-42.

[45] Uchida E, Xu J, Xu Z, et al. Are the poor benefiting from China's land conservation program? [J]. Environment and Development Economics, 2007, 12 (4): 593-620.

[46] 王欠, 方一平. 川西地区退耕还林政策对农民收入的影响[J]. 山地学报, 2013(5): 565-572.

[47] 张蕾, 文彩云. 集体林权制度改革对农户生计的影响——基于江西、福建、辽宁和云南 4 省的实证研究[J]. 林业科学, 2008, 44(7): 73-78.

[48] 陈幸良, 邵永同, 陈永富. 基于"3S"技术与计量经济模型的集体林权改革监测与评价——福建邵武的实例研究[J]. 林业科学研究, 2010(06): 815-822.

[49] 孔凡斌. 集体林权制度改革绩效评价理论与实证研究——基于江西省 2484 户林农收入增长的视角[J]. 林业科学, 2008, 44(10): 132-141.

[50] 张海鹏, 徐晋涛. 集体林权制度改革的动因性质与效果评价[J]. 林业科学, 2009, 45(7): 119-126.

[51] 贺东航, 田云辉. 集体林权制度改革后林农增收成效及其机理分析——基于 17 省 300 户农户的访谈调研[J]. 东南学术, 2010(5): 14-19.

[52] 贺东航, 朱冬亮, 王威, 等. 我国集体林权制度改革态势与绩效评估——基于 22 省(区、市)1050 户农户的入户调查[J]. 林业经济, 2012(05): 8-13.

[53] 侯元兆. 从国外的私有林发展看我国的林权改革[J]. 世界林业研究, 2009 (2): 1-6.

[54] 孙妍,徐晋涛. 集体林权制度改革绩效实证分析[J]. 林业经济,2011(07): 6-13.
[55] 刘小强,徐晋涛,王立群. 集体林权制度改革对农户收入影响的实证分析[J]. 北京林业大学学报(社会科学版),2011(02):69-75.
[56] 李惠梅,张安录. 基于福祉视角的生态补偿研究[J]. 生态学报,2013,33(4):1065-1070.
[57] Li W H, Li F, Li S D, et al. The status and prospect of forest ecological benefit compensation[J]. Journal of Natural Resources, 2006, 21(5): 677-688.
[58] Pagiola S, Landell-Mills N, Bishop J. Making market-based mechanisms work for forests and people[J]. Selling Forest Environmental Services: Market-based Mechanisms for Conservation and Development, 2002: 261-289.
[59] 吴水荣,顾亚丽. 国际森林生态补偿实践及其效果评价[J]. 世界林业研究,2009(04):11-16.
[60] 李镜,张丹丹,陈秀兰,等. 岷江上游生态补偿的博弈论[J]. 生态学报,2008,28(6):2792-2798.
[61] 张方圆,赵雪雁,田亚彪,等. 社会资本对农户生态补偿参与意愿的影响——以甘肃省张掖市、甘南藏族自治州、临夏回族自治州为例[J]. 资源科学,2013(09):1821-1827.
[62] 侯成成,赵雪雁,张丽,等. 生态补偿对区域发展影响研究的进展[J]. 中国农学通报,2011(11):104-107.
[63] 杨姝影,冯东方,任勇. 我国生态补偿相关政策评述[J]. 环境保护,2006(19):38-43.
[64] 赵伟,李宁,丁四保. 我国实践区际生态补偿机制的困境与措施研究[J]. 人文地理,2010(01):77-80.
[65] 牛利民,沈文星. 林产品贸易对农民林业收入及分配的影响[J]. 山西财经大学学报,2010(5):34-41.
[66] 黄斌. 采伐限额管理制度对林业收入的影响分析[J]. 中共福建省委党校学报,2010(06):63-67.
[67] 张广胜,罗金. 集体林权制度改革中采伐限额与林农生产决策[J]. 林业经济,2010(12):51-55.
[68] 何文剑,张红霄. 林木采伐限额管理制度对农户林业收入的影响分析——江西省6个村级案例研究[J]. 林业经济问题,2012,32(3):215-220.
[69] 袁道先. 岩溶石漠化问题的全球视野和我国的治理对策与经验[J]. 草业科学,

2008,25(9):19-25.

[70] 李松,熊康宁,王英,等. 关于石漠化科学内涵的探讨[J]. 水土保持通报,2009(2).

[71] John G, Smith D. Human impact on the Cuilcagh karst areas[J]. Italy:Universita-di Padova,1991.

[72] Ford D C, Williams P W. Karst geomorphology and hydrology[M]. Unwin Hyman London,1989.

[73] Legrand H E. Hydrological and Ecological Problems of Karst Regions Hydrological actions on limestone regions cause distinctive ecological problems[J]. Science,1973,179(4076):859-864.

[74] Kobza R M, Trexler J C, Loftus W F, et al. Community structure of fishes inhabiting aquatic refuges in a threatened Karst wetland and its implications for ecosystem management[J]. Biological Conservation,2004,116(2):153-165.

[75] 苏维词,周济祚. 贵州喀斯特山地的"石漠化"及防治对策[J]. 长江流域资源与环境,1995,4(2):177-182.

[76] 袁道先. 袁道先院士1981年在美国科技促进年会(AAAS)上的学术报告[R]. 1981,1981.

[77] 张殿发,周德全. 贵州省喀斯特地区土地石漠化的内动力作用机制[J]. 水土保持通报,2001,21(4):1-5.

[78] 张军以,苏维词,苏凯. 喀斯特地区土地石漠化风险及评价指标体系[J]. 水土保持通报,2011,31(2):172-176.

[79] 李森,董玉祥,王金华. 土地石漠化概念与分级问题再探讨[J]. 中国岩溶,2008,26(4):279-284.

[80] 宋维峰. 我国石漠化现状及其防治综述[J]. 中国水土保持科学,2007,5(5):102-106.

[81] 王德炉,朱守谦,黄宝龙. 石漠化的概念及其内涵[J]. 南京林业大学学报:自然科学版,2005,28(6):87-90.

[82] 李阳兵,王世杰,容丽. 关于喀斯特石漠和石漠化概念的讨论[J]. 中国沙漠,2004,24(6):689-695.

[83] 王世杰. 喀斯特石漠化概念演绎及其科学内涵的探讨[J]. 中国岩溶,2002,21(2):101-105.

[84] 李箐. 石灰岩地区开发治理[D]. 贵阳:贵州人民出版社,1996:110-115.

[85] 李阳兵,谭秋,王世杰. 喀斯特石漠化研究现状、问题分析与基本构架[J].

中国水土保持科学，2005，3(3)：27-34.

[86] 龙健，李娟，江新荣，等．喀斯特石漠化地区不同恢复和重建措施对土壤质量的影响[J]．应用生态学报，2006，17(004)：615-619.

[87] 凡非得，王克林，熊鹰，等．西南喀斯特区域水土流失敏感性评价及其空间分异特征[J]．生态学报，2011，31(21).

[88] 朱安国．贵州西部山区土壤侵蚀研究[J]．水土保持通报，1990(03)：3-9+18.

[89] 王德炉，朱守谦，黄宝龙．喀斯特石漠化内在影响因素分析[J]．浙江农林大学学报，2005，22(003)：266-271.

[90] 苏维词，杨华，李晴，等．我国西南喀斯特山区土地石漠化成因及防治[J]．土壤通报，2006(03)：447-451.

[91] 张信宝，王克林．西南碳酸盐岩石质山地土壤——植被系统中矿质养分不足问题的思考[J]．地球与环境，2009，37(004)：337-341.

[92] 王世杰．喀斯特石漠化——中国西南最严重的生态地质环境问题[J]．矿物岩石地球化学通报，2003，22(2)：120-126.

[93] 严冬春，文安邦，鲍玉海，等．黔中高原岩溶丘陵坡地土壤中的^{137}Cs分布[J]．地球与环境，2008(04)：342-347.

[94] 李豪，张信宝，王克林，等．桂西北倒石堆型岩溶坡地土壤的^{137}Cs分布特点[J]．水土保持学报，2009(03)：42-47.

[95] 王世杰，季宏兵，欧阳自远，等．碳酸盐岩风化成土作用的初步研究[J]．中国科学：地球科学，1999，29(005)：441-449.

[96] 李阳兵，邵景安，魏朝富，等．岩溶山区不同土地利用方式下土壤质量指标响应[J]．生态与农村环境学报，2007，23(001)：12-15.

[97] 龙健，李娟，汪境仁，等．典型喀斯特地区石漠化演变过程对土壤质量性状的影响[J]．水土保持学报，2006，20(002)：77-81.

[98] 周政贤，毛志忠，喻理飞，等．贵州石漠化退化土地及植被恢复模式[J]．贵州科学，2002，20(001)：1-6.

[99] 兰安军．基于GIS-RS的贵州喀斯特石漠化空间格局与演化机制研究[D]．贵阳：贵州师范大学，2003.

[100] 王世杰，李阳兵．生态建设中的喀斯特石漠化分级问题[J]．中国岩溶，2005(03)：192-195.